沈阳市哲学社会科学专项资金资助项目（SY202005Z）

城市生态环境承载能力预警机制研究

——以沈阳市为例

王颖　王梦◇著

辽宁人民出版社

图书在版编目（CIP）数据

城市生态环境承载能力预警机制研究：以沈阳市为例 / 王颖，王梦著．— 沈阳：辽宁人民出版社，2022.12
ISBN 978-7-205-10677-5

Ⅰ．①城…　Ⅱ．①王…　②王…　Ⅲ．①城市环境—生态环境—环境承载力—研究—沈阳　Ⅳ．① X321.231.1

中国版本图书馆 CIP 数据核字（2022）第 234932 号

出版发行：辽宁人民出版社
地址：沈阳市和平区十一纬路 25 号　邮编：110003
电话：024-23284321（邮　购）　024-23284324（发行部）
传真：024-23284191（发行部）　024-23284304（办公室）
http://www.lnpph.com.cn
印　　刷：辽宁新华印务有限公司
幅面尺寸：170mm × 240mm
印　　张：13
字　　数：203 千字
出版时间：2022 年 12 月第 1 版
印刷时间：2022 年 12 月第 1 次印刷
责任编辑：娄　瓴
助理编辑：贾妙笙
装帧设计：白　咏
责任校对：吴艳杰
书　　号：ISBN 978-7-205-10677-5
定　　价：48.00 元

前 言

伴随人类社会工业化、现代化、信息化的迅猛发展，城市生态环境承载能力整体形势不容乐观，创新完善城市生态环境承载能力预警机制，及时识别生态环境承载能力的潜在危机并进行有效预警，成为备受各界关注的重点议题。沈阳市作为我国重要的工业基地和先进装备制造业基地，其粗放型的经济增长方式致使生态环境日益恶化。“十三五”时期，沈阳市将生态环境问题置于经济社会全面化、立体化的发展全局中谋划推进，生态环境承载能力及其监测预警机制建设取得了明显的成效，但其中仍存在制度建设不完善、理论指导略显疲力、缺少完备的测度指标体系、社会力量参与不足等诸多问题，深刻影响了沈阳市生态环境承载能力预警机制的效力释放。因此，如何破解沈阳市生态环境承载能力预警机制推进中面临的困境，进而推进生态环境承载能力的整体性提升，成为亟待解决的一个重要问题。

本书精准聚焦城市生态环境承载能力预警的现实问题，以沈阳市生态环境承载能力预警机制作为研究的切入点，从理论研究、实证研究以及规范研究三个维度展开系统性研究，解码了生态环境承载能力预警机制的内在逻辑与功能价值，测度分析了沈阳市2010—2019年生态环境承载能力的动态演化情况，并剖析了其中可能存在的问题以及影响其动态变化的主要因素。通过对国内外生态环境承载能力预警机制的经验借鉴，进一步提出了创新完善生态环境承载能力预警机制的整体性策略，为沈阳市生态环境承载能力预警机制的完善以及生态环境承载能力的提升指明了方向。本书结构具体安排如下：

1.城市生态环境承载能力预警机制的理论研究，由第一章和第二章构成。阐述了生态环境承载能力预警机制研究的背景、国内外研究现状、研究方法和主要内容、结构体系、基本概念以及相关理论基础。

第一章，导论。主要阐述了城市生态环境承载能力预警机制的研究背景、研究意义、研究方法和内容以及研究的结构体系。城市生态环境承载能力预警机制之所以成为重要研究课题，是因为生态环境综合承载能力是人地关系和谐的重要基础，分析沈阳市生态环境承载能力预警机制对于推动全市生态系统的可持续发展具有重要意义，也是全面深化生态文明体制改革的一项重大任务，有利于更好绘制“十四五”时期生态环境建设的“沈阳方案”。

第二章，相关概念界定及理论基础。首先，界定了与生态环境承载能力预警机制相关的概念，包括生态环境、生态环境承载力、预警机制、生态承载力预警机制，并对生态环境承载能力预警机制的动态性、复杂性、延续性及综合性四个方面的特征进行了分析，明确了生态环境承载能力预警机制的内涵。其次，理论基础部分。（1）系统介绍本书的理论基础——协同治理理论，对协同治理理论的内涵与理论模型进行了详细解析，并在经济合作与发展组织提出的“结构—过程”模型的基础之上，拓展建构了更具综合性、适应场景更广的“情景—结构—过程”模型，治理情景包容、治理主体多元、治理过程互动构成其核心要义。（2）分析协同治理理论与本书的契合性。协同治理强调多元行动主体基于共同的治理价值，在治理全过程谈判协商、互动合作，最终取得与治理价值有效衔接的治理效果。因此，将协同治理理论应用于生态环境治理领域体现出较强的契合性，该理论为开展生态环境承载能力的有关实证分析提供了强有力的理论性支撑。

2. 城市生态环境承载能力预警机制的实证研究，由第三章和第四章构成。测度了沈阳市2010—2019年生态环境承载能力，对其中存在的问题及动态演化的影响要素进行了分析。

第三章，沈阳市生态环境承载能力实证分析。首先，以沈阳市生态环境承载能力指标数据为依据，从经济发展力、资源承载力以及环境承载力三个方面，构建了沈阳市生态环境承载能力监测预警指标体系。详细介绍了熵权法、TOPSIS法在生态环境承载能力测度综合分析过程中的具体应用，并利用该方法对沈阳市2010—2019年生态环境承载能力展开详细测度，发现沈阳市生态环境承载能力在十年间处于波动上升到快速下降最后实现缓慢上升的态势。其中，2010—2014年处于波动上升阶段，2014—2017年处于下降阶段且下降速度较快，2017-2019年呈现出逐年增长的趋势。其次，对沈阳市生态环境承载能力预警举措进行了阐述，诊断了其在生态环境承载能力综合监测、评估视角以及部门协同方面可能存在的短板与不足。

第四章，沈阳市生态环境承载能力预警机制影响因素。在沈阳市生态环境承载能力监测预警的实证分析基础之上，结合协同治理理论的"情景—结构—过程"分析框架，从情景因素、结构因素及过程因素三个维度，对沈阳市生态环境承载能力预警机制的影响因素进行了深入剖析。生态环境承载能力预警状况不仅与政策制度、价值理念、信息互动等有关，同时与机构设置、主体协作、技术支撑、人才队伍以及资金保障等密切关联。

3. 城市生态环境承载能力预警机制的规范研究，由第五章和第六章构成。介绍了国内外生态环境承载能力预警机制的典型经验，提出完善沈阳市生态环境承载能力预警机制的整体性对策建议。

第五章，国内外关于生态环境承载能力预警机制的经验做法。总结了美国波特兰大都市区、新加坡、青岛市以及深圳市在生态环境承载能力预警机制价值理念、制度建设、技术工具以及运行机制等多方面的典型做法，为沈阳市生态环境承载能力预警机制的完善提供参考与启示。

第六章，沈阳市生态环境承载能力预警机制完善对策。在理论、实证和规范研究的基础上，以情景、结构、过程三大要素为重要抓手，提出从协同角度完善沈阳市生态环境承载能力预警机制的对策建议，包括优化生态治理场景，营造宽容开放的预警情境；协调多元主体关系，促进利益相关者协同联动；完善立体化保障机制，促进协作行动有序推进，以期为优化完善沈阳市生态环境承载能力预警机制，进而提升沈阳市的生态环境承载能力提供有益借鉴。

本书也从以下几方面进行了创新：一是重构了沈阳市生态环境承载能力预警机制影响因素分析框架，提升了该领域的理论解读力。本书基于协同治理理论拓展建构了“情景—结构—过程”分析框架，弥补了既往研究视角狭隘与理论支撑薄弱的不足，使生态环境承载能力预警影响因素及策略路径的分析更具科学性与说服力。二是构建了针对性与操作性较强的城市生态环境承载能力测度指标体系。因地制宜构建了包括经济发展力、资源承载力、环境承载力 3 个一级指标，经济水平、资源状况、环境状况等 5 个二级指标，城市化比例、人均水资源、建成区绿地覆盖率等 18 个三级指标的沈阳市生态环境承载能力测度指标体系，实现了生态环境承载能力量化研究的“本土化”。三是运用定量与定性相结合的方法，通过熵权法、TOPSIS 法客观呈现了沈阳市近 10 年生态环境承载能力在时间序列上的变化情况，使沈阳市生态环境承载能力变化趋势具直观性与可视性，为后续预警问题的诊断与机制的完善提供了有益镜鉴。

目　录

第一章　导　论

生态系统所提供的资源、环境以及服务条件是人类社会赖以生存和发展的前提与基础，社会的全面性、可持续性发展只有建立在生态环境的承载能力之上，以保护自然资源和生态环境为根本基础，才能实现可持续发展。从公共管理视角考察，有效测度生态环境承载能力并创新完善其预警机制，对于及时发现隐潜的生态环境承载能力警情、促进全市生态系统的不断完善具有重要意义，也是全面深化生态文明体制改革的一项重大任务。由此，建构生态环境承载能力测度指标体系并对沈阳市生态环境承载能力进行纵向历史维度的考察，发现沈阳市生态环境承载能力动态演化规律及预警机制存在的问题，剖析沈阳市生态环境承载能力预警机制的影响因素，提出创新完善预警机制的对策建议，成为本书研究的关键。本章节将从研究背景及意义、相关文献的梳理、 研究方法和研究内容等方面，介绍本书的基本情况。

第一节　研究背景及研究意义

一、研究背景

第一，“创新完善生态环境承载能力预警机制”是全面改善环境质量，促进沈阳市经济社会发展全面绿色转型的基本要求。人类社会的历史演变是伴随经济基础、社会环境、意识形态、价值观念、技术工具等要素的不断更迭而改变和提升的，同时也是一个人类社会与生态环境系统相互作用、相互影响的动态过程。当前，世界已进入高速发展的工业化、现代化、信息化时代，在人们的物质生活得到极大满足的同时，全球气候变暖、臭氧层破坏、雾霾蔓延、森林覆盖面积大幅减少、海岸线萎缩、大气污染、水污染以及海洋污染等世界性的环境问题逐渐显现。由于生态环境与资源所具备的复杂性和脆弱性等特点，使之极其容易受到自然和人为因素的干扰与破坏。因而，世界各国均在很大程度上提高了对资源与环境保护的重视度，统筹经济、社会、生态、环境系统的协调可持续发展跃居全球性的热点议题。沈阳市作为我国重要的工业基地和先进装备制造业基地，其粗放型的经济增长方式致使生态环境问题一直以来备受各界关注。《沈阳市生态环境“十四五”规划和 2035 年远景目标纲要》明确提出，应当“强化生态空间保护，明确生态安全底线与生态绿色发展高线；到 2025 年，全市生态空间格局更加优化，重要森林、湿地等自然生态系统得到全面保护和修复，自然生态统一监管体系基本形成”。因此，这也给生态环境承载能力以及预警机制的研究留足了空间，进一步创新并完善沈阳市生态环境承载能力预警机制，有助于及时监测生态环境承载能力潜在的警情并采取积极有效的措施，以应对可能发生的生态危机，这也是全方位提升沈阳市生态环境承载能力、立体化改善沈阳市生态环境质量、促进经济社会全面绿色发展的必然要求。

第二，“创新完善生态环境承载能力预警机制”是促进多元主体协同联动，建构沈阳市生态环境承载能力监测预警网络的重要保障。伴随生态治理环境的动态变化以及各类环境“棘手”问题的不断增加，生态环境方面的公共事务越来越呈现出高风险性、高不确定性以及利益主体多元性的特点。传统的行政区地方政府单边治理模式日趋“捉襟见肘”，沈阳市仅仅依靠政府或者市场的单方面力量，已经无法应对日渐复杂多变的生态环境问题。在“政府失灵”与“市场失灵”的双重挤压下，不得不探寻市场和政府以外的力量来突破既有的生态环境领域内公共事务治理的窠臼。多元行动主体协同治理凭其协作场景包容性、协作结构合理性、协作过程交互性的优势，成为改善甚至解决生态环境问题的关键。何谓协同治理？协同治理是指公、私部门以及个体行动者协同联动对公共事务进行管理的手段、方式和工具的总和，强调以实现共同目标或利益为价值取向，不同利益主体协同采取持续性的联合行动，进而实现整体性的结构跃迁与功能放大。置身于协同治理场景中的多元参与者，不仅能够完成依靠自身力量无法完成的治理任务，通常还能够获得目标之外的治理成效，这同时又成为激励利益相关者参与协同行动的一项重要促动因素。协同治理通过协同效应所达到的治理成效以及所获取的崭新功能，并非是多方参与者行动的简单相叠所能取得的，而是需要多元化行动主体针对特定的议题进行多次、反复的协商与互动，进而实现信任建构、共识达成以及承诺履行，最终实现既定的行动目标。在生态环境领域，同样离不开差异化行动主体的协同联动，尤其涉及生态环境承载能力预警机制的问题，亟待多元主体通过联合行动对预警机制加以完善。反之，破解沈阳市生态环境治理问题、提升生态环境承载能力、创新并完善生态环境承载能力预警机制，也有助于促成利益相关者之间的行动，进而建构起一套成熟的生态环境承载能力监测预警网络。

第三，“创新完善生态环境承载能力预警机制”是对沈阳市生态环境治理体系的强弱项、促提质。“十三五”时期，沈阳市委市政府将生态环境问题置于经济社会全面化、立体化的发展全局中谋划推进，生态环境承载能力及其监测预警问题建设取得了明显的成效，影响生态环境承载能力的突出问题得到有效解决，生态环境承载能力也得以稳步提高，共建共治共享工作格局初步形成。但对标到2035年实现美丽中国的总体目标要求，其中仍存在一些短板与不足。比如，生态管控体系仍然不够完善，生态空间格局有待持续优化，产业绿色转型升级依然未完成等。究其原因：一是对生态环境承载能力监测预警的认知逻辑尚不清晰，理论指导略显疲力；二是对生态环境承载能力的测度没有形成一套相对成熟且符合实际的指标体系，对沈阳市生态环境承载能力的现状以及演化趋势把握不足；三是生态环境承载能力缺乏系统且完备的监测预警机制，激励约束效力大打折扣；四是生态环境承载能力监测预警的社会力量参与不足，多元行动者的协同配合力度有待进一步提高；五是生态环境治理体系离散化、碎片化，政策调适和政策创新的针对性、有效性均难以充分释放。

有鉴于此，本书聚焦“沈阳市生态环境承载能力预警机制”展开深入研究。立足协同治理理论基础，聚焦经济发展力、资源承载力、环境承载力三大主要观测域，拓展建构生态环境承载能力监测预警的“情景—结构—过程”综合性分析框架，继而从“理论—实证—路径”3个维度对沈阳市生态环境承载能力预警机制问题进行科学性、系统性的综合诠释。基于“是什么—为什么”的理论逻辑去解码生态环境承载能力预警机制的内在逻辑与功能价值，厘清其基本内涵、定位以及在整个中国特色社会主义理论体系中的本质特征；基于“缺什么—补什么”的实践逻辑对沈阳市2010—2019年生态环境承载能力进行综合性测度，对近10年来生态环境承载能力演化情况进行科学分析，并剖析其动态变化的主要影响因素；基于“干什么—怎么干”的发展逻辑寻求面向“十四五”的生态环境治理的顶层设计，进一步探索创新完善生态环境承载能力预警机制的未来发展路径，着力破解生态环境承载能力预警在机制建构、实施工具与能力提升等方面的短板与不足，从而形成以实现“高质量、高水平”为目标导向，以完善生态环境治理政策体系为出发点，以提升沈阳市经济、社会以及生态治理能力为最终旨归的研究理路。这既是坚持十九届六中全会以“高质量”为主线的发展理念，也是回应经济社会高质量发展对更高水平的生态环境承载能力之所需，更是契合“十四五规划”着力固根基、补短板、强弱项、提质量的问题导向。

二、研究意义

1.理论意义

城市生态环境承载能力预警实质上是对生态环境系统可持续发展承载能力和偏离期望状态的精准监测、动态评估和积极调控，可以视为一种对生态环境可持续发展问题预防式应对的方式与手段，将其运用到沈阳市生态环境可持续发展研究中具有重要的理论意义。

第一，“城市生态环境承载能力预警机制研究”强调监测、预警、调控导向，能够有效提升对生态环境承载能力政策的理论解读力。党的十八大以来，以习近平总书记为核心的党中央多次对生态文明建设作出指示批示，《中华人民共和国国民经济和社会发展第十四个五年规划和2035年远景目标纲要》更是生动全面地阐释了在全面建设社会主义现代化国家新征程中“推动绿色发展，促进人与自然和谐共生”的生态环境治理价值表达与功能定位。因此，要在深刻领悟习近平总书记关于生态文明建设系列重要指示的前提下，始终秉承“绿水青山就是金山银山”的价值理念，系统阐述生态文明建设在“党的领导—国家治理—社会治理”中的关键性作用，进一步厘清“城市生态环境承载能力预警机制研究”对建设层次更高的、治理效能更强的绿色沈阳的积极作用与影响，生动回答为何生态文明建设是影响党的事业和国家治理与社会治理体系效能的“固本之举”与“长久之策”。明确在习近平新时代中国特色社会主义思想及生态文明建设理念的科学指引下，城市生态环境承载能力预警机制的因由寻绎、内涵意蕴、价值表达、目标指向、重心落定、策略选择等，以确保本书对相关政策的理论解读力。

第二，“城市生态环境承载能力预警机制研究”聚焦有效性探索，能够进一步提升学术研究对现实问题的理论解释力。既有的研究成果对生态环境承载能力预警机制的关注点主要集中在基本概念、现存的痼疾、经验的扩散、优化路径等方面，目前在上述领域已经产生了较为丰硕的研究成果，但是，对生态环境承载能力的测度指标体系建构、机理分析、预警机制完善等基础性理论方面的研究却略显不足，缺乏一定的规范性理论指引，尤其是在中国特色社会主义的场景下，如何在城市生态环境承载能力预警的实践中探索出“党建引领”“五治融合”等符合中国国家治理现代化实际的生态环境治理模式方面，尚且缺乏丰富的理论成果与阐释。这种情况下，极易照搬西方理论框架来指导中国城市生态环境预警机制的研究，从而陷入借西方理论阐释中国实践的“唯西方论”研究误区，导致“错位”的理论难以有效回应我国城市生态环境承载能力预警机制研究的现实。本书精准聚焦有效性、探索性、发展性研究，一方面，要思考如何从沈阳市实际出发构筑“本土化”生态环境承载能力测度指标体系、如何将源于西方的协同治理理论进行本土化拓展建构，从而为探索沈阳市生态环境承载能力预警机制提供理论性支持，增强理论对现实的有力回应，力求达到以学理性语言讲好本土故事的切实效果。另一方面，要针对2010—2019年沈阳市生态环境承载能力动态变化的规律，及时反思何以在顶层制度设计层面完善生态治理体系、健全体制机制、激活协同活力，从而发挥制度的逆向规约与正向激励作用。

2.实践意义

生态环境承载能力预警机制研究不仅具有重要的理论意义，而且还具有重要的现实意义。

有利于补短板、强弱项，促进生态环境承载能力预警机制研究提质增效。回望党的百年奋斗历程，党始终把建设人与自然和谐共生的现代化作为治国理政的重大任务，在生态环境建设方面亦取得了显著成效。沈阳市作为我国重要的工业基地和先进装备制造业基地，在生态环境治理方面取得了可喜的成绩，但是也暴露出其中存在的一些短板与弱项，主要包括：生态环境承载能力目前仍然缺乏系统且精准的评估体系与机制，致使环境治理方面缺位或者错位，激励约束效力的有效释放并不完全；生态环境承载能力预警机制尚不完善，对生态环境承载能力警情的监测预警不及时、不精准；生态环境治理相关部门之间信息交互缺失，多元主体的衔接协调不畅通，生态环境治理相关部门的行政效率不高等。本书正是针对这些短板弱项，着力构建面向沈阳市生态环境实际的“本土化”的更加完备的生态环境承载能力预警机制。综合运用德尔菲法、熵权法、TOPSIS 研究方法，测度沈阳市 2010—2019 年生态环境承载能力，客观呈现其动态演化规律，诊断沈阳市生态环境承载能力预警机制可能存在的问题，并紧密结合协同治理理论拓展建构的“情景—结构—过程”分析框架，分析其变化的影响因素，为沈阳市生态环境承载能力监测预警打通“堵点”、消除“痛点”、解决“难点”，最后，提出完善生态环境承载能力预警机制的有效策略与路径。

有利于锚定重点任务，绘制“十四五”时期生态环境建设的“沈阳方案”。“十四五”规划中明确提出了“推动绿色发展，促进人与自然和谐共生”的目标，并将提升生态系统质量和稳定性、持续改善环境质量、加快发展方式绿色转型作为构建生态文明体系，推动经济社会发展全面绿色转型的重要战略决策。沈阳市更是于 2021 年出台了《沈阳市生态环境“十四五”规划和 2035 年远景目标纲要》，明确提出了要着力推进生态保护与修复，为沈阳市生态环境承载能力提升以及预警机制的创新与完善指明了前进方向，提供了重要指引。针对目前沈阳市生态环境承载能力监测预警进程中存在的多元行动者信息交互障碍，协同联动不畅通，生态文明体系离散化、碎片化，政策调适缺乏针对性，高新技术投入及有效赋能有待加强等问题。本书精准锚定“十四五”时期生态环境建设重点任务，着力从优化生态治理场景、促进利益相关者协同联动、完善立体化保障机制三大维度，创新全周期动态治理、全要素智慧治理、全方位依法治理的工具体系，搭建多主体参与的生态环境承载能力监测预警网络，真正融合系统治理、依法治理、综合治理、源头治理的理念，提高社会化、法治化、智能化、专业化水平，为最终实现人与自然和谐共生的目标提供智力支持。

第二节　城市生态环境承载能力预警机制的研究现状

一、国外研究现状

1. 生态环境承载能力的研究

（1）承载力概念的起源与演进发展研究

承载力一词，最早用于物理力学研究。随着当前社会逐渐发展，人类改造自然时与生态环境之间的关系日益复杂化，随后承载力这一概念被引入多个学科领域，应用范围不断扩大。根据在中国知网 CNKI 文献查阅情况来看，承载力的发展从最开始的人口（种群）承载力，到土地、水、矿产资源等单要素承载力，再到生态、资源环境等多要素承载力，大多数学者将生态环境承载能力归于多要素承载力的研究当中。

1798 年，马尔萨斯（T. R. Malthus）出版了《人口原理》，阐释了人口增长与粮食产量之间的关系，即人口数量受制于粮食产量，因而不可能实现无限增长①。马尔萨斯的人口理论开创了人口承载力研究的先河。美国生物学家奥德姆（E. P. Odum）在《生态学原理》（Fundamentals of Ecology）著作中，根据马尔萨斯对人口承载力的研究，首次把逻辑斯蒂曲线的理论最大值常数 K 与承载力相联系，将承载力概念定义为：种群数量增长的上限，即逻辑斯蒂曲线方程中的常数 K②。利用精确的数学关系式将承载力定量表达。帕克和伯吉斯（R. E. Park and E. N. Burgess，1921）

① MALTHUS T R. An essay on the principle of population [M]. London: J. Johnson，1798.

② ODUM E P. Fundamentals of ecology [M]. Philadelphia: W. B. Saunders，1953.

最早将承载力引入人类生态学领域，并明确定义了承载力，即“某一特定环境条件下（主要指生存空间、营养物质、阳光等生态因子的组合），某种个体存在数量的最高极限”[①]。帕克和伯吉斯在进行人口数量与粮食产量的关系研究时，提出了要根据粮食产量以及自然食物资源确定人口容量，在一定程度上推动了土地承载力的相关研究。20 世纪 60—70 年代，第三次工业革命大力推动了西方国家工业化和城市化的进程，资源供给不足、环境污染严重、耕地面积锐减、粮食产量不足等问题凸显。有关承载力的概念范围日益扩大和完善，并逐渐扩展到了水资源、生物资源、森林资源、矿产资源、环境资源、能源资源等整个生态系统领域，有关单要素承载力的研究如雨后春笋般纷纷出现。1972 年，罗马俱乐部（The Club of Rome）在《增长的极限》（The Limits of Growth）一书中构建了“世界模型”来预测人类社会的未来走向，通过系统动力学和电子信息技术，提出粮食生产的土地资源有限、矿产资源日益短缺以及环境污染的容纳能力存在阈值都会使得人类经济受到生态环境承载能力的制约而无法实现无限增长，提出 21 世纪 50 年代左右全球经济的增长将达到最大阈值的大胆预测[②]。罗马俱乐部总结了单要素承载力对经济增长的限制作用，奠定了多要素承载力研究的基础。

外国学者 C. S. Holling 最早提出“生态承载力是生态系统所具备的抵抗外部干扰、维持原有的生态结构和生态功能以及其相对稳定性的能力”[③]。1978 年，W. A. Schneider 将生态环境承载能力的概念进一步补充发展，即“人为或自然环境系统在不遭受严重退化的情况下，其对人口

① PARK R E，BURGESS E N. An introduction to the science of sociology [R]. Chicago，1921.

② 马尔萨斯，米都斯．人口原理 增长的极限 [M]. 李宝恒，译．北京：京华出版社，2000.

③ GUNDERSON L H. Ecological resilience in theory and application [J]. Annual review of ecology and systematic，2000，31: 425 - 439.

增长的持续容纳能力"[①]。1992 年，W. E. Rees 和他的学生 M. Wachernagel 提出"生态足迹"理论[②]，将其定义为：任何已知人口（某个个人、地区或国家）的生态足迹是指能够持续地生产这些人口所消费的所有资源、能源和吸纳这些人口所产生的所有废弃物所需要的生物生产土地的总面积和水资源量[③]。实现了生态承载力从单要素研究转向多要素研究，生态环境承载能力的研究呈现出综合性和系统性的特征。

由于生态系统具有多样性和复杂性，国内外学者的有关生态承载力的具体定义、评价指标和核算标准等尚未形成科学统一的认知。在承载力研究领域陆续出现了不同内容分支的研究方向，包括生态承载力、环境承载力、资源承载力等。

联合国教科文组织提出，资源承载力是指在可预见的时期内，利用本地资源及其他自然资源和智力、技术等条件，在保证符合其社会文化准则的物质生活水平下所持续供养的人口数量。1949 年，美国学者 Allan[④] 对土地资源承载力这一概念提出并进行定义：是指一个区域在不造成土地退化的情况下能够供养的人口数量和支持人类活动的水平。国外对于资源承载力的研究主要是集中在土地资源和水资源等方面的研究，Hari Eswaran，Fred Beinroth 和 Paul Reich[⑤] 对全球土地资源和人口支持能力展开研究，认为缺乏可持续利用土地资源的意愿和其他因素的共同影响会对粮食安全及

① SCHNEIDER W A. Integral formulation for migration in two and three dimensions [J]. Geophysics，1978，43（1）：49 – 76.

② REES W E. The ecology of sustainable development [J]. Ecologist，1990，20（1）：18 – 23.

③ 唐剑武，郭怀成，叶文虎．环境承载力及其在环境规划中的初步应用 [J]. 中国环境科学，1997，17（1）：6.

④ ALLAN W. Studies in Africa land usage in Northern Rhodesia [M]. Cape Town: O. U. P. for Rhodes-Living stone Institute，1949.

⑤ ESWARAN H，BEINROTH F，REICH P. Global land resources and population-supporting capacity [J]. American journal of alternative agriculture，1999，14（3）：129 – 136.

人类生存产生一定影响。G. H. Huang，S. J. Cohen，Y. Y. Yin 和 B. Bass①提出了一种不精确－模糊多目标规划模型，用于气候变化下麦肯齐盆地土地资源管理的适应性规划，考虑了许多部门，包括农业、森林、野生动物栖息地保护、湿地保护、狩猎、休闲和水土保持，以及它们之间的互动关系。通过有效的系统分析和规划，可以获得适应气候变化和不同利益相关者妥协目标的理想土地利用模式。Donald A. Davidson ②阐述了全球、大洲和国家范围内土地资源问题和技术的最新发展。包括土地能力评估、土地评价方法和土壤调查的主要方法及其解释。I. Butz 和 B. Vens-Cappell 提出土地承载力是以公顷为单位面积的土地上能够承载最大的人口资源，并且通过对发展中国家进行了相关的研究，并以此提出了土地资源系统理论③。国外对于水资源方面的研究集中在水资源与人类活动的关系、气候变化与水资源供应等方面，C. J. Vörösmarty 等④结合气候模型输出、水预算和数字化河网的社会经济信息的数值实验评估未来淡水资源是否充足。S. Dessai，M. Hulme⑤通过英格兰东部水资源管理的案例研究，评估适应气候变化的决策是否对气候变化不确定性足够敏感。

环境承载力也可以理解为环境容量，对环境的支撑能力⑥，有相关学

① Huang G H，Cohen S J，Yin Y Y，et al. Land resources adaptation planning under changing climate— a study for the Mackenzie Basin [J]. Resources，conservation and recycling，1998，24（2）: 95 － 119.

② DAVIDSON D A. The evaluation of land resources [M]. Harlow，England: Longman Scientific and Technical，1992.

③ BUTZ I，VENS-CAPPELL B. Organic load from the metabolic products of rainbow trout fed with dry food [J]. EIFAC Technical Papers, 1982.

④ VÖRÖSMARTY C J，GREEN P，SALISBURY J，et al. Global water resources: vulnerability from climate change and population growth[J]. Science, 2000, 289（5477）: 284 － 288.

⑤ DESSAI S，HULME M.Assessing the robustness of adaptation decisions to climate change uncertainties: a case study on water resources management in the east of England [J]. Global environmental change，2007，17:（1）59 － 72.

⑥ 赵振华，匡耀求，等．珠江三角洲资源环境与可持续发展 [M]. 广州：广东科技出版社，2003.

者对环境承载力的概念进行界定，是指在某一时间段，在其现有的环境下，某地区环境对当前社会进行经济活动的最大限度的支持能力。随着经济的发展，环境污染问题也愈加严重，进而对环境承载力和人类的生存和发展产生一定影响，学者对环境承载力的问题愈加重视，在 1974 年 A. Bishop 等[①] 提出，环境承载力是指一个区域承载一定生活水平的人类的活动强度，即在环境的承受能力内能够保障现有的生活状况不会发生大的变动。Richard S. Miller[②] 认为，自然环境的承载能力是有固定值的，自然环境对于在其中所生存的物种的活动能力设立了最大限度，如果超过这一极限，生态环境会由于经受不住而受到很大的不利影响。

在发展过程中人类社会的生产生活活动不断消耗地球的自然资源，生态环境遭到破坏，众多学者意识到生态承载力的重要性，也将承载力应用在了生态学的领域中，并且进行了相关的研究，转变思想观念，通过多种科学的方式来测定生态承载力，制定生态承载力预警模式，争取人类与自然和谐共生。

（2）生态承载力理论与理论模型的研究

承载力理论是生态承载力的起源理论基础。承载力是指物体能经受负载而不产生任何破坏的最大阈值，这一概念最初起源于物理学。S. Hawden 和 L. J. Palmer（1922）在研究驯鹿种群的引入对生态环境的影响时，第一次提出生态承载力这一概念，他们基于此研究认为，生态承载力的定义是在不损害牧场环境的前提下，这个牧场可以承担的牲畜的最多供养数值[③]。J. A. Bailey（1984）从动物生态学这一角度进行分析，将承载力划

① BISHOP A B，FULLERTON H H，Crawford A B，et al. Carrying capacity in regional environment management [M]. Washington，D. C.：U. S. Government Printing Office，1974.

② MILLER R S. Fundamentals of ecology [J]. Evolution，1954，8（2）：178.

③ HAWDEN S，PALMER L J. Reindeer in Alaska [M]. Washington，D. C.：U.S. Department of Agriculture，1922.

分为经济承载力与生态承载力[①]。牧场管理学中就存在经济承载力这一概念，根据动物种群生产力的管理目标、动物的质量和生境的状况来定义；而野生动物管理学中则包含生态承载力这个概念，即在没有狩猎等干扰情况下生态环境与动物族群所达到的平衡点。在没有狩猎或正常水平的狩猎对种群数量没有太大影响时，生态承载力只依据有限的生境资源决定。1973 年，C. S. Holling[②] 首先将生态弹性（Ecological Resilience）一词引入有关的生态学研究，将其定义为在不改变系统自身组织、结构和过程的前提下，系统所能承受的最大外来干扰的限度，以帮助理解生态系统的非线性动态变化。同时，C. S. Holling[③]（1996）认为，系统所可能受到的外部影响如果大于其范围，系统原来的平衡状况就遭到破坏，因而走向下一个阶段。生态系统本身的调控功能是环境承载力的基本因素，它和外部影响的相互作用也是环境系统结构、功能演变的主要原动力。究其原因，由于生态系统具有许多不同的稳态阈或平衡状态，在系统遭遇外部影响时，生态系统通过调节自己的调控功能，就可以在一定水平上保持原有的平衡状况，不过这个调控功能也是受一定限制的。如果外部影响大于生态系统的调控功能，生态系统自身的功能和特性就可能受到损害，从而引起整个生态系统的突变。其实，环境承受能力是生态系统调控功能的最大阈限。生态系统的调控功能是环境承受能力的决定要素。生态足迹（ecological footprint）由 William E. Rees[④]（1992）和

---

① BAILEY J A. Principles of wildlife management [M]. New York: Wiley，1984.

② HOLLING C S. Resilience and stability of ecological systems [J]. Annual review of ecological and systematic，1973，4: 1 － 23.

③ HOLLING C S. Engineering resilience versus ecological resilience [M]. // National Academy of Engineering. Engineering within ecological constraints. Washington，D. C. : The National Academy Press，1996: 31 － 43.

④ REES W E. Ecological footprints and appropriated carrying capacity: What urban economics leaves out [J]. Environment and urbanization，1992，4（2）:121 － 130.

M. Wackernagel[①]（1996）提出，定量测度了 52 个国家和全球的生态足迹和生态承载力状况，研究人类社会活动与环境系统的关系，将承载力的研究从单一要素转向了多要素综合的生态系统。

2004 年，随着 C. S. Holling 提出的弹性概念的逐渐应用和成熟，Brian Walker，C. S. Holling[②]（2004）等学者在弹性概念的基础上对社会生态系统进行了研究，他们认为可转换性、弹性以及适应性是社会生态系统的三个主要属性。其中，弹性是系统在受到外界影响而变化时吸收其干扰并进行生态重组的能力，因此在本质上保持与原系统相同的反馈、结构、功能和特性。而适应性是系统中的参与者影响弹性的能力。可转换性是指当生态、经济或社会结构使现有系统无法维持时，可以从根本上创建新系统的能力。这些都对生态系统的承载能力具有重要的影响。

生态承载力是承载力概念在生态学领域中的重要应用，它以生态系统为承载体，以外部干扰为承载对象。生态承载力理论也是城市生态学的重要理论之一，充分体现了城市生态系统中人与环境的复杂关系，给研究城市生态环境系统与人的内在关系和相互作用提供了重要的视角。由于人类活动规模的扩大，对资源的开发和需求导致生产了大量带有副产品和废物的商品和服务，破坏了当地、区域和全球范围的环境和生态系统，影响了区域的可持续发展。随着现代社会中人口增多、资源匮乏、环境污染与生态破坏等问题的出现，承载力研究范围得到扩展，逐渐衍生出一系列相关概念，包括种群承载力、土地承载力、环境承载力、资源承载力、生态承载力等，以用来表示某一特定系统对某种承载对象的容纳能力。由此，生态承载力概念的提出，使承载力研究由针对生态系

① REES W E，WACKERNAGEL M. Urban ecological footprints: Why cities cannot be sustainable—and why they are a key to sustainability [J]. Environmental impact assessment review，1996，16（4 - 6）：223 - 248.

② WALKER B，HOLLING C S，CARPENTER S R，et al. Resilience，adaptability and transformability in social-ecological systems [J]. Ecology and society，2004，9（2）：5 - 12.

统中的个体要素转向整个生态系统的综合层面，更加关注生态系统的完整性、稳定性和协调性。

Denis Chang Seng（2012）讨论了早期预警系统（EWS）的治理环境和框架条件。提出的治理方面和框架条件包括 EWS 的四个核心要素（风险知识、监测与预警、传播与沟通、响应）[①]。沟通应该是一个核心元素，在过程的任何时候、级别和规模上都可以运作。其他方面包括：（1）社会—生态系统治理观点；（2）在架构、行为体和社区方面与 EWS 直接相关的治理观点；（3）更广泛的治理体系（即政治、经济、社会和技术）。强调实施和支持有效和可持续的 EWS 所需的激励机制。在这方面，EWS 作为备灾的一部分，应被视为朝向综合灾害风险管理的一项重要发展。EWS 治理框架是为审查和评估与海啸有关的治理而制定的，重点是在印度尼西亚建立多层次和规模的海啸预警系统（TEWS）。但是，该框架需要在不同的情境中针对不同类型的风险进行测试。

Stefano Balbi 等（2015）将空间贝叶斯网络模型用于评估预警对城市洪水对人们的危害，通过整合人们的脆弱性和通过应对和适应来缓解灾害的能力来评估人们的洪水风险[②]。在这项研究中，利用苏黎世州地理信息系统中心提供的 3 张灾害地图，从洪水淹没深度（D）、洪水流速（V）和泥石流因子（DF）三个方面构建危险贝叶斯网络模型：$HR = D \times (V + \beta) + DF$。BNs 的主要优点是能够混合不同类型的表示（例如，定量的、半定量的、基于数据的、基于意见的），能够正确处理缺失的数据，并在评估的不同部分中解释，并帮助交流不确定性。在洪水风险的情况下，通常对预期影响有背景知识，其中有主观的（来自专家的评价）和客观的（来

① SENG D C. Improving the governance context and framework conditions of Natural Hazard Early Warning Systems [J]. Journal of integrated disaster risk management, 2012, 2 (1): 1 − 25.

② BALBI S, VILLA F, MOJTAHED V, et al. A spatial Bayesian network model to assess the benefits of early warning for urban flood risk to people [J]. Natural hazards and earth system sciences, 2016, 16 (6): 1323 − 1337.

自以前的事件）。专家掌握以前事件可能造成的危险和脆弱性的普遍情况的预先信息。

C. T. Baucha 等（2016）将耦合 HES 模型中的关键转换及其预警信号与不耦合于人类系统的等效环境模型进行比较，使用来自俄勒冈州原生林的社会和生态数据，对 HES 模型进行参数化，发现与未耦合的环境系统相比，耦合的生物系统表现出更丰富的动态变化和状态变化[①]。在耦合的 HES 中，人类反馈的存在也可以减轻早期预警信号，使得探测即将到来的区域变化变得更加困难。研究中主要建立了以下三种模型：

环境动力学模型：建立了一个程式化的森林生态系统模型，其中森林覆盖面积 F 的比例与其承载能力成对数增长（调整 F=1）。

$$\frac{\mathrm{d}F}{\mathrm{d}t}=RF(1-F)-\frac{hF}{F+s}$$

其中，R 是净增长率，h 是收获效率，而 s 控制人均对林业产品的需求。这是经典的资源超采模型。单位面积的收获率是 $h/(F+s)$，这与 F 成反比关系，因为假定随着供应 F 的减少，林产品的单位面积需求增加。人类行为由固定参数 h 和 s 来描述，因此这不是耦合的 HES。

社会动力学模型：人口中的每个人都采取两种观点中的一种。每一种意见都与一种“效用”相关联，这种效用可以量化该意见被偏爱的程度。每个个体以固定的比率对种群中的其他个体进行抽样。如果被抽样的人处于相反的位置，并且获得更高的效用，那么个体转换到被抽样的人的意见的概率与期望效用的增益成正比。假设 x 是采纳 A 意见（例如，“环保主义者”）的人口比例，而 $1-x$ 采纳 B 意见（例如，“非环保主义者”）的人口比例。x 的总变化率为：

① BAUCHA C T, SIGDEL R, PHARAON J, et al. Early warning signals of regime shifts in coupled human-environment systems [J]. Proceedings of the national academy of sciences of the United States of America, 2016, 113 (51): 14560 - 14567.

$$\frac{\mathrm{d}x}{\mathrm{d}t} = kx(1 - x)\Delta U - (-kx(1 - x)\Delta U) = \kappa x(1 - x)\Delta U$$

在这里 $\kappa \equiv 2k$，该简单系统有两个均衡：当 $\Delta U > 0$ 时，A 意见优于总体；当时 $\Delta U < 0$，B 意见优于总体。

人—环境耦合系统（HES）模型：将 1 和 2 结合，得到一个简单的耦合——HES 模型。众所周知，社会生态反馈可以减缓森林砍伐，社会经济因素可以帮助重新造林。因此，我们对 ΔU 采用一种形式，当森林覆盖率 F 过低时，砍伐森林的效用下降，从而导致更多的人采纳保护主义的观点。类似的，我们假设收获率较低时，接受自然资源保护观点的人口比例（x）较高：

$$\dot{F} = RF(1 - F) - \frac{h(1 - x)F}{F + s}$$

$$\dot{x} = kx(1 - x)\left[\mathrm{d}(2x - 1) + \frac{1}{F + c} - w\right]$$

d是禁制性社会规范的力量，这种社会规范倾向于使个人倾向于目前大多数人所采纳的观点，w为节约成本（包括经济成本和非经济成本，如时间成本），h为收获效率，c（“稀有度估价参数”）控制森林覆盖的比例如何影响保存森林的效用。

为解决缺乏生物多样性的早期预警系统的问题，Francesco Rovero，Jorge Ahumada（2017）建立了热带生态、评估和监测（TEAM）网络，它能够生成实时数据，监测热带生物多样性的长期趋势，并指导保护实践①。研究主要关注陆地脊椎动物协议，它使用系统的相机捕捉来探测森林哺乳动物和鸟类；其次是互动区域协议，它测量核心监测区域周围的人类环境的变化。该预警系统作为建立预警系统的候选模型，具有数据采集标准化和近实时数据的公开共享的特点，可以有效地预测人与自然耦合系

① ROVERO F，AHUMADA J. The Tropical Ecology，Assessment and Monitoring（TEAM） network: An early warning system for tropical rain forests [J]. Science of the total environment，2017，574: 914 - 923.

统的变化，触发管理行动，从而缩小研究和管理反应之间的差距。

Meysam Bahraminejad 等（2018）基于压力—状态—响应（P–S–R）方法和生态安全指数，以伊朗东部达米扬保护区为例，提出了保护区最佳管理的预警系统①。研究选取了 3 个不同标准（P = 4，S = 5，R = 3）下的 12 个环境指标，生成了保护区的生态安全指数。根据研究区生态安全指数现状、统计分析和专家意见，选择降水量、植被覆盖状况和土壤亮度三个指标作为主要指标和最终指标，用于预警系统。

Henriksen 等（2018）提出了参与式预警和监测系统（pEWMS），在 pEWMS 中，“自上而下”和“自下而上”的过程可以建立桥梁，更好地协调，以支持受洪水影响的当地个人和社区的利益相关者的风险意识和风险感知②。将“自下而上”的方法添加到传统的 EWMS 中，使具有当地环境知识和当地网络的利益相关者能够在决策和风险管理中发挥更大的作用。此外，利益相关者参与的透明度，反映了相互冲突的主张和观点，可能增加利益相关者之间的信任。在诚实、清晰、全面和及时的沟通基础上，良好的风险沟通具有建立公众信任的潜力。

（3）生态承载力决定因素的研究

生态承载力的主要确定要素有：环境稳定性、生态阈值和干扰。其中，生态稳定性是生态承受能力的基石。环境作为自然生态体系对外部影响最大的承受能力，而环境承载力的基础就是生态系统的自身稳定性和自我调节机制。这些调节机制要求生态系统必须具有对外部影响的最大接受、缓冲等功能，在对外部影响不能达到规定程度的情况下，仍然能够保持生态系统自身的基本结构和特性。生态系统对外部影响的最高忍受程度即环境

① BAHRAMINEJAD M，RAYEGANI B，JAHANI A，et al. Proposing an early-warning system for optimal management of protected areas（Case study: Darmiyan protected area，Eastern Iran）[J]. Journal for nature conservation，2018，46: 79 － 88.

② HENRIKSEN H J，ROBERTS M J，EGILSON D，et al. Participatory early warning and monitoring systems: A Nordic framework for web-based flood risk management [J]. International journal of disaster risk reduction，2018，31: 1295 － 1306.

阈值，而生态阈值又是环境承受能力的基础，因此环境承受能力分析的基本目的便是设定生态系统的环境阈值。扰动是环境稳定性的对立面，会使生态系统脱离原来的位置并有可能造成生态系统自身构造和特性的破坏，一般利用扰动程度来衡量生态承载力。

第一，生态稳定性。生态稳定性是与生态承载力密切相关的概念。生态系统的稳定性也是确定干扰能力是否超越环境承受能力的关键。G. W. Harrison [①]（1979）研究认为，环境稳定性指生态系统维持在某一平衡点附近或遭受破坏后再次返回均衡的能力。其中弹性、抵抗性、持久性、可变性是稳定性的四个重要方面。生态稳定性要求生态系统对外部扰动产生相应的缓冲与抵抗能力，适应性较强的物种对环境变动的反应也较快，使生态系统内不同有事物产生的活动组和自然环境内部相辅相成、彼此和谐而形成一个平衡稳定的自然环境。

生态稳定性存在于从整个生态圈到种群的不同阶段，各个层次的研究较为丰富。1955 年，R. MacArthur 首次提出了种群稳定性的概念 [②]，即在一种生物群体内物种组成比例和群体规模都保持恒定，而种群稳定性则主要是受种类多少以及物种之间的互动程度等方面各种因素的共同影响。生态稳定性也呈现出了一定变化的条件性。M. R. Gardner[③] 等（1970）对可靠性问题做出了批判性的探讨，从而提出由随机事件构成的复杂系统，都可以被期望显示出稳定的特性，直到彼此的关联程度达到一个临界水平，然后，随着关联程度的提高，系统会突然变得不稳定。对生态稳定性的研究主要集中在种群、群落方面，关注的焦点主要是生态系统的结构，包括物种的组成、空间格局以及森林地被物厚度和组成等对群落稳定性的影响，

---

① HARRISON G W. Stability under environmental stress: Resistance, resilience, persistence, and variability [J]. The american naturalist, 1979, 113 (5) : 659 - 669.

② MACARTHUR R. Fluctuations of animal populations, and a measure of community stability [J]. Ecology, 1955, 36: (3) 533 - 536.

③ GARDNER M R, ASHBY W R. Connectance of large dynamic (cybernetic) systems: Critical values for stability [J]. Nature, 1970, 228 (5273) : 784.

较少考虑外部干扰对生态稳定性的影响。综合而言，区域生态系统是一个高度开放的系统，除了能量来自外部，系统与外部之间还存在着水、碳等各种物质的交换，内部各要素之间的联系也不如群落内部各要素之间紧密，但系统内部依然存在一定的调节能力，并能在一定限度内保持稳定。

第二，干扰。干扰与生态承载力是一对矛盾综合体。干扰会对生态系统的结构和功能产生一定的影响，而两者之间的博弈也就决定了其是否会对生态系统的稳定性产生威胁，因而干扰强度常常被作为生态承载力的衡量指标。F. A. Bazzaz 等[①]（1987）将自然环境干扰原因界定为与其特性和成因无关，但可以迅速导致群体反应的敏感性发生变化，或在一定景观水准上骤然发生变化资源量的原因。Monica Goigel Turner[②]（1989）把自然环境干扰问题具体化为通过扰乱生态系统、群落以及种群的构成，从而影响在资源利用、基质使用，甚至是物理环境的一个时段上出现的相对不连续事物。干扰事件会对个体、种群、群落甚至整个生态系统产生影响。

第三，生态阈值。自然环境中的临界阈值现象也叫作生态化阈值（Eological Threshold），当生态系统的一个独立因素出现了平滑而持续的改变之后，整个生态系统的任何一方面的特征都可以在一个特殊的关键位置上出现突然改变，这一关键值便是生态化阈值。R. Muradian[③]（2001）研究发现，生态不连续性意味着对于一些独立变量存在某种关键值，一旦越过这一关键值，生态系统将从某种稳定状态转变为另一种状态，其结果是生态系统原有的稳定结构被打破，生态系统的功能发生变化，而生态阈

① BAZZAZ F A, CHIARIELLO N R, COLEY P D, et al. Allocating resources to reproduction and defense[J]. BioScience, 1987, 37(1): 58 − 67.

② TURNER M G. Landscape ecology: The effect of pattern on process[J]. Annual review of ecology and systematics, 1989, 20: 171 − 197.

③ MURADIAN R. Ecological thresholds: A survey[J]. Ecological economics, 2001, 38(1): 7 − 24.

值仍然难以准确估计。C. Wissel[①]（1984）研究发现，在生态系统中，替代状态之间的转换通常会突然发生，并且包含阈值效应的存在。可以看出，生态学研究已经开始关注到生态系统中多重稳定性和替代状态的存在。

综合来看，这三个方面的因素决定了生态承载力，生态承载力的大小与生态系统的稳定性、外在干扰和生态阈值密切相关，在对生态承载力的评估及预警中都应该关注这三个方面的因素的影响。

2.预警机制的研究

Bilyana Lilly，Lillian Ablon，Quentin Hodgson 在网络领域指示和预警（I&W）框架中阐述了预警在美国国际法院中被赋予定义，即“可能的或被认为会对美国国家安全利益或军事力量造成不利影响的即将发生的活动的通知”。它进一步被定义为“针对决策者与美国和盟国的安全、军事、政治、信息或经济利益的威胁进行的独特沟通。应在足够的时间内发出信息，以便决策者有机会避免或减轻威胁的影响”。[②]

生态环境预警之所以开始出现并受到重视，是因为 20 世纪 50—60 年代的“八大公害”事件引起了环境学家和生物学家的重视，也让社会公众变得更加重视环境问题和生态系统保护问题，这在很大程度上掀起了生态环境预警的热潮。

第一，以英国经济地理学家奇舒姆为首的区域学派。他们根据区域分异规律，从区域地理学和区域经济学的角度研究区域人口、资源、经济、能源和环境的协调发展，建立趋于可持续发展的预警系统，对区域发展偏离可持续发展目标进行预警。自然环境中的临界阈值现象也叫作生态化阈值（Eological Threshold），当生态系统的一个独立因素出现了平滑而持

① WISSEL C. A universal law of the characteristic return time near thresholds[J]. Oecologia，1984，65（1）：101 － 107.

② 莉莉，艾布龙，霍奇森．网络事件中的应用指示和预警框架[J]. 信息安全与通信保密，2020（9）：40 － 53.

续的改变之后，整个生态系统的任何一方面的特征都可以在一个特殊的关键位置上出现突然改变，这一关键值便是生态化阈值。代表作是：J. W. Forrester （1971）的《世界动力学》和 D. H. Meadows （1972）的《增长的极限》。他们认为：地球承载力有限，保护因素又相互牵制，因此，工业发展、人口增长、粮食短缺、环境恶化和不可再生资源枯竭等以指数形式不断加剧的趋势都有极限。如果超越这一警戒线，人类很可能会突然无法控制地崩溃。他们不仅给出“危机点”可能出现的时间表，还提出“零增长”的全球均衡战略，试图建立监测全球发展状态的预警系统。

第二，以英国自然资源专家 M. Slesser 为主的环境资源学派。他主要以研究地区资源的生产、使用与环境保护问题为核心，并探讨了地区资源生产与发展、经济、社会进步、环境问题之间的长期相互作用。在 1984 年，他第一个提出了研究地区资源、人、社会、经济、环境之间的长期平衡关系的一个研究模型 ECCO 法（Evolution of Capital Creation Option），运用这种模式的运行方法后，形成了一系列的环境经济指标，对地区社会、经济、资源、环境和人的发展情况做出了预警。ECCO 法首先在英国、葡萄牙、荷兰等西欧发达国家获得了应用，在经过联合国国际开发计划署（UNDP）的推行之后在埃及等国家中也获得了应用。

第三，以罗马俱乐部为代表的未来学派。于 1968 年 4 月，在意大利林赛科学校创建的民间国际机构罗马俱乐部，凝聚着四十多个国家十多个领域的一百多位物理学家，通过深入研究当代人口发展、产业发展、粮食产出、资源消耗和环境等五个主要全球问题及其变化趋势，并力图以综合预警的方法，对世界发展趋势做出预见和综合研究，以实现世界整体认识的目的。在《只有一个地球——对一个小小星球的关心和保护》中，他们不但从整个星球的前途考虑，并且以社会科学、经济和政治的宽阔眼光，综合论述了造成人类生存环境损害、对全球生态系统损害的主要因素为人口激增、粮食匮乏、土地资源的滥用、科技异化和经济发展不均衡等各种因素相互作用的恶果。

第四，以联合国国际环境规划署（UNEP）为代表的环境协同学派。UNEP 曾在联合国全球性人类与环境保护大会上（斯德哥尔摩，1972）提出设立全球环境监测网络系统（Global Environmental Monitoring System）和计划行动中心（Program Activity Center），其目的是通过统筹联盟国际体系内各组织机构如全球自然小组、世界卫生小组、联合国国际粮农组织、各国核能组织、世界天然环境保护联盟和世界野生生物基金委员会等进行的各类差异地区的监测预警行动，使各地的监测预警网络协同行动，并充分发挥整体优势，利用现有的监测预警网络系统，为各地政府部门及时提供决策与支持的信息。GEMS/PAC 的重要工作内容包括：大气环境变化趋势的监测与预警，一般分为对背景大气环境污染监测与预警和对全球冰川变化趋势的监视警报；对大气环境污染物长距离转化过程的监视警报；健康环境风险的检测警报，一般涉及对天气、环境和食物环境污染等有关人体健康风险的检测警报；对海域环境污染的检测警报，一般涉及对公海、领海等沿线海域的检测警报。全球对可再生资源的监测预警，重点聚焦于对湿地退化、热带雨林、干燥与干旱地区再生资源活动的监测与预警。

1980 年，我国提出应该探讨人与自然的、人类社会的、环境的、经济的以及使用资源之间的基本问题，并进行利弊决定，从而实现世界的不断开发。在这一鼓励与扶持下，不少发达国家相应进行了生态环境的检测评估与监测工作，使生态系统监测技术的理念与实践获得了普遍和快速的进展。

二、国内研究现状

1.生态环境承载能力的研究

生态承载力理论起源于西方，后经部分学者学习研究后引入中国。通过在中国知网 CNKI 上以“生态承载力”作为论文关键词进行搜索，发现最早的文献发表于 1999 年；以论文篇名进行搜索，最早的有关文献发表于 2000 年。由此可见，我国学者对生态承载力理论关注已久。通过查阅国内关于生态承载力方面的文献发现，我国学者在生态承载力演变过程、概念界定、城市生态承载力、承载力研究方法等方面开展了大量研究。

（1）生态承载力的起源与发展

在我国，国内对于承载力的研究，最早的概念是在工程地质学领域中提出来的。承载力最初的意思是说地基的强度对建筑物负重的能力，现在已经演变成了一个普遍的概念，用来描述发展的局限性，最初是由生态学将这个概念引入本领域的研究中①。

（2）生态承载力的演化过程

“承载力”这个术语最初是物理学中的一个专业术语，用来表示一个物体在没有受到任何损害的情况下，可以承载的最高负荷②。随着经济的发展和人口的迅速增长，土地资源短缺、污染、生态建设环境恶劣等问题的不断涌现，相应的研究范畴也相应拓宽，包括土地承载力、环境承载力、资源承载力、生态承载力等诸多相关概念，以此来表示对承载对象的承载能力大小③。承载能力的概念范围也从原来的单一的自然范畴的应用扩展到了包括人口、环境、资源、土地、生态承载能力等多个方面。

我国的承载力研究开始于20世纪80年代，在90年代之前主要以深入研究土地的承载力为主，任美锷先生是国内最先重视承载力科学研究的重要人物。任美锷在四川省的农作物生产力的分布方面进行了地理学领域的研究，并在此基础上对以农业生产力为基础的土地承载力进行了分析。在此基础上，从传统的农业用地承载能力向城镇用地承载能力的发展，成为这一领域的重要发展。1986年，由中科院综合研究中心和多个科研机构共同发起的“中国土地生产潜力及人口承载量研究”，是目前国内关于土

---

① 邓波，洪绂曾，龙瑞军．区域生态承载力量化方法研究述评[J]. 甘肃农业大学学报，2003，38（3）：281 – 289.

② 高吉喜．可持续发展理论探索——生态承载力理论、方法与应用[M]. 北京：中国环境科学出版社，2001.

③ 向芸芸，蒙吉军．生态承载力研究和应用进展[J]. 生态学杂志，2012，31（11）：2958 – 2965.

地承载能力最全面的一项调查研究[①]。90年代以来，随着可持续发展理论的提出，环境承载能力的研究受到了诸多研究人员的重视，同时，由于水资源的空间和空间的不均衡，以及越来越多的工业废水和生活污水对淡水资源的污染，使得一些城市出现了严重的水资源短缺现象。因此，对水资源承载力的研究也逐渐兴起和繁盛。随着研究的不断发展，许多承载力的研究不再局限于单一的资源，而转向了多个不同的资源与体系，例如“环境承载力研究”“相对资源承载力研究”“土地人口承载力研究”“旅游承载力研究”“城市综合承载力研究”等[②]。

随着我国经济、社会的快速发展以及城市化进程的推进，我国的资源浪费和资源匮乏问题日益突出，环境污染、生态破坏等问题日益突出，而生态破坏已成为制约我国社会可持续发展的主要问题。越来越多的学者意识到需要将生态系统视为一个囊括资源系统、环境系统和社会经济系统的复合整体，即生态系统是一个由资源、环境、社会、经济三大系统组成的复杂系统，从系统性角度出发，力图把人类的活动控制在生态系统承载力范围之内，于是，“生态承载力”的概念便随之出现了[③]。在生态承载能力的定义中，将承载能力从单一的生态要素转移到整体的生态系统，更加注重整体系统的完整性、稳定性和协调性[④]。

（3）生态承载力的概念

由于影响生态承载力的因素较多，其作用机理也比较复杂，难以给出一个清晰的定义，国内不同的学者在研究中从不同角度进行了界定。

---

① 张传国，方创琳，全华．干旱区绿洲承载力研究的全新审视与展望[J]. 资源科学，2002（2）：42 － 48.

② 顾康康．生态承载力的概念及其研究方法[J]. 生态环境学报，2012，21（2）：389 － 396.

③ 王宁，刘平，黄锡欢．生态承载力研究进展[J]. 中国农学通报．2004，20（6）：278 － 281，385.

④ 向芸芸，蒙吉军．生态承载力研究和应用进展[J]. 生态学杂志，2012，31（11）：2958 － 2965.

一些学者在对生态承载能力确定定义时，更加倾向于将其认定为生态系统本身的承受能力、自我调节能力以及支撑社会经济的能力。根据王中根、夏军（1999）的环境承载力概念，提出了区域内生态环境承载能力是指在一个特定时期内、在特定环境下，或特定区域内的自然环境对人们社会活动和经济发展产生的支持效果，是指生态环境整体物质成分与空间结构变化的整体表现①。王家骥等（2000）从自然系统的生态平衡出发，认为生态承载力是一个客观的系统调控能力，它的自我维持和调整能力是有限的，我们把它定义为最大容载量，如果超出了这个极限，系统就会失去平衡，甚至可能被摧毁或者完全毁灭②。

高吉喜（2001）指出，自然资源承受能力是指生态系统的自身维护、调控能力、资源与环境子系统的总容量、可支持的社会经济活动能力，及其中满足了相应的基本生活水准的总人口。最后，他还指出了三种承载能力所构成的相互关联：环保资源承载能力是生态承载力的重要基石，环保承受能力是生态承载力的主要制约因素，而自然弹性则是保障生态承载力的必要前提③。杨志峰等（2005）从生态环境的服务功能角度考虑，认为环境承载力是指在特定的社会发展状况和经济发展条件下，维持其服务功能与环境系统相对稳定的潜在能力。天然生态环境的功能强度并非是一成不变的，而是随着历史时期的演变过程、社会经济发达程度的不同而改变，体现在天然生态环境体系的一定社会发展系统的稳定性以及自然生态环境整体功能被破坏的难易程度④。许联芳等认为，生态承载力的定义应该充

① 王中根，夏军．区域生态环境承载能力的量化方法研究[J]．长江职工大学学报，1999（4）：3 － 5．

② 王家骥，姚小红，李京荣，等．黑河流域生态承载力估测[J]．环境科学研究，2000，13（2）：44 － 48．

③ 高吉喜．可持续发展理论探索——生态承载力理论、方法与应用[M]．北京：中国环境科学出版社，2001: 8 － 23．

④ 杨志峰，隋欣．基于生态系统健康的生态承载力评价[J]．环境科学学报，2005，25（5）：586 － 594．

分考虑到人类赖以生存的社会、文化、环境、生态环境等方面的影响，并与管理目标密切联系，以人的负担为基础，把生态承载力定义为：在特定区域范围内，经济社会进步、土地资源使用、环境保护以及社会文明建设等方面，均能满足国家持续建设治理目标需要的最大的人类经济社会发展负担，具体包含了人口数量、我国经济社会发展规模和整体增长速度[①]。

国内的一些学者认为，生态的自我调节能力、资源与环境资源的提供能力、社会经济发展能力是一个综合的体系，应该对生态环境承受能力做出系统性的界定。张传国指出，生态承载力主要是指生态的自我保护、自我调节能力，它主要受自然资源承载力、环境承载力、生态弹性力等方面的影响，但同时又能够通过自然资源承载力、环境承载力以及生态的弹力表现得出[②]。王宁认为，生态承载力是会因为时间与空间上的差异而产生变动的，而且不同时间、不同地域中的生态承载力也有一定差异，所以，生态承载力就是指在某个特定的时间范围内、某一地域中，生态系统所具备的自身保护、自我调节以及自我发展的能力，以及该生态系统所能够承载的人口的总体数量，以及保证生态、经济与社会的可持续发展的能力[③]。许联芳、杨勋林等将生态承载力概括为：在一定的时间、一定生态系统内所具备的自我保护、自我调控的功能，以及其资源与环境子系统对人类经济社会体系的可继续开发的保证能力[④]。顾康康认为，生态承载能力是指在一定时间和空间范畴内，自然环境在人的主动影响下以及自然生态系统的主动调控影响下，在一定的时间和空间范畴内保持其健康有

① 许联芳，杨勋林，王克林，等．生态承载力研究进展[J]. 生态环境，2006，15（5）：1111 － 1116.

② 张传国，方创琳，全华．干旱区绿洲承载力研究的全新审视与展望[J]. 资源科学，2002（2）：42 － 48.

③ 王宁，刘平，黄锡欢．生态承载力研究进展[J]. 中国农学通报，2004，20（6）：278 － 281，385.

④ 许联芳，杨勋林，王克林，等．生态承载力研究进展[J]. 生态环境，2006，15（5）：1111 － 1116.

序的发展趋势，对自然生态体系所可以承受的自然资源最大耗费的自然环境容许破坏水平，以及其影响社会的经济发展速度和社会消费的总人口数量[①]。杨光梅认为生态承载力是在总结资源承载力和环境承载力等单因素承载力研究局限性的基础上，将系统性理念应用到承载力研究中，并与可持续发展理念紧密结合的产物。生态承载力是指系统的承载功能，它包括资源、环境和社会三个子系统[②]。

随着研究的不断深化，我国生态环境承载能力的研究趋向于全面要素，高丹丹等人在研究中认为，生态环境承载能力是一个由资源、环境、社会、经济等子系统构成的复杂系统。生态系统的规模、范围和强度，是指生态系统在特定时期里能够支撑城市建设所需要的水平，即能满足人们经济与社会的强度的同时又能保证自然生态体系的继续发展的能力水平[③]。徐卫华等（2017）指出，生态承载力是指生态环境承载能力、预防生态问题、保障生态安全的功能。生态承载力主要由两个方面构成：一是水源涵养、水土保持等供给服务能力，这是国民经济和社会发展的根本。二是土地荒漠化、水土流失等生态问题的防治[④]。

另外，向芸芸（2012）、魏晓旭等（2019）认为，现有的生态承载能力的概念至少包含三个层面：一是以资源、环境、社会经济和人类活动为主的复杂生态体系；二是从最初的对自然系统的自我调控和维护能力的研究，到全面地考虑了人的社会活动对整个系统产生的积极和消极的综合影响；三是空间规模对城市生态承载能力的影响较大，其规模效应主要体现

① 顾康康．生态承载力的概念及其研究方法 [J]. 生态环境学报，2012，21（2）：389 – 396.

② 杨光梅．我国承载力研究的阶段性特征及展望 [J]. 科技创新导报，2009（26）：23 – 25.

③ 高丹丹，赵丽娅，李成．基于 PCA 和熵权法的神农架生态环境承载能力评价 [J]. 湖北大学学报（自然科学版），2017，39（4）：367 – 371.

④ 徐卫华，杨琰瑛，张路，等．区域生态承载力预警评估方法及案例研究 [J]. 地理科学进展，2017，36（3）：306 – 312.

在生态系统结构与演变过程上[1][2]。

（4）城市生态承载力的研究

关于城市生态承载力的研究，包括其内涵、定义、特征、研究方法等。城市生态承载力即城市生态系统的承载能力，从动力学角度上看，城市生态系统是一个动态系统，与周边市郊和相关地区有着密切的关系，不仅包括空气、水体、土地、绿地、动植物、能源等自然生态系统，还包括经济、社会系统等人工环境系统，是一个以人的行为为主导、自然环境为依托、资源流动为命脉、社会体系为经络的社会—经济—社会系统[3]。关于城市生态承载力，虽有人提及但缺乏深入研究，学界尚未给出明晰的定义。徐琳瑜等（2005）[4]将其界定为：一般环境下，都市生态系统具有维持自身健康与发展的能力，其主要表现为抵御外部的应激与应变，并具有实现特定目的的能力。金悦等（2015）[5]对城市生态系统进行了研究，认为生态承载力是一个地区可持续发展的一个重要指标，其涉及自然资源部分、自然环境部分、经济社会部分。其中，将生态承载力分为三个维度：生态系统内自身保护和自我调控的功能，生态系统内环境子体和自然资源部分的供给与容纳功能，以及人类活动和社会经济生产活动对环境、资源子系统带来的压力。城市的生态承载能力具有一般的生态承载能力和独特的特性，具有动态变化、相对阈值性、可控性、开放性等特征[6]。

① 向芸芸，蒙吉军．生态承载力研究和应用进展[J]．生态学杂志，2012，31（11）：2958 － 2965.

② 魏晓旭，颜长珍．生态承载力评价方法研究进展[J]．地球环境学报，2019，10（5）：441 － 452.

③ 王如松．转型期城市生态学前沿研究进展[J]．生态学报，2000，20（5）：830 － 840.

④ 徐琳瑜，杨志峰，李巍．城市生态系统承载力理论与评价方法[J]．生态学报，2005（4）：771 － 777.

⑤ 金悦，陆兆华，檀菲菲，等．典型资源型城市生态承载力评价——以唐山市为例[J]．生态学报，2015，35（14）：4852 － 4859.

⑥ 宋帆，杨晓华，刘童，等．城市生态承载力研究进展[J]．环境生态学，2019，1（1）：53 － 61.

我国学者对城市生态承载力的研究，主要是通过构建分析模型和分析框架针对某一城市、地域或者城市群展开研究，并提出针对性的解决措施或者机制。程晓波（2006）在分析我国的城镇化进程中出现的资源环境方面的问题，提出应该综合考虑资源环境承载能力和城市发展潜力的基础上协调发展，引导合理布局，提高城镇的综合承载能力，做到可持续发展①。谭文垦等（2008）对承载力和城市承载力的产生和发展进行了综述，提出了当前研究中的一些缺陷，并根据这些理论中的缺陷，构建了城市承载力的基础模型，同时对其承载机理进行了深入的探讨②。吕光明等（2009）以可持续发展为视角，从经济、资源、环境三个层面构建了城市综合承载能力的理论框架③。龙志和等（2010）提出了 2002—2007 广州市的城市承载能力综合评估指标，利用状态空间方法建立了城市承载能力的综合承载能力模型。这是我国应用状态空间方法进行分析的较早的一项研究④。宋楚琳、帅红（2020）根据 2008—2017 年的面板资料，通过熵权 -TOPSIS 方法，对环长株潭城市群的生态承载力进行了量化研究分析，从作者构建的评价指标体系出发，对其中社会、经济、资源环境子系统承载力、城市综合生态承载力时空分异特征进行了探讨，并且在文章中对所研究的城市群 2018—2025 年各系统承载力的安全预警度展开预测⑤。

（5）生态承载力的研究方法

在生态承载力研究领域，学者们运用不同的研究方法对生态环境的承

---

① 程晓波 . 提高城市综合承载能力　推进城镇化可持续发展 [J]. 宏观经济管理，2006（5）：18 － 20.

② 谭文垦，石忆邵，孙莉 . 关于城市综合承载能力若干理论问题的认识 [J]. 中国人口·资源与环境，2008（1）：40 － 44.

③ 吕光明，何强 . 可持续发展观下的城市综合承载能力研究 [J]. 城市发展研究，2009，16（4）：157 － 159.

④ 龙志和，任通先，李敏，等 . 广州市城市综合承载力研究 [J]. 科技管理研究，2010，30（5）：204 － 207.

⑤ 宋楚琳，帅红 . 环长株潭城市群生态承载力时空格局及预警研究 [J]. 中南林业科技大学学报（社会科学版），2020，14（3）：45 － 55.

载力进行评估和预测，综合国内相关研究，主要方法有生态足迹法、高吉喜法、供需平衡法和状态空间法等。

第一，生态足迹法。生态足迹（Ecological Footprint，EF）模型是指在某一特定地区内，为保持人们的生存和发展所需要的自然资源或者大量吸收工农业生产废物的自然资源产出性用地（biologically productive area）的总面积规模，并将之与一定人群的环境承载能力相比较，并以此评估其对整个自然生态体系的影响，从而评价其可持续发展程度[①]。生态足迹模型，是在1992年加拿大生态学家Williams E. Rees和他的学生M. Wackernagel的文章《生态足迹与适宜的承载力》中首先提出的[②]，后于1996年由M. Wackernagel加以改进，补充完善。Rees相信，通过计算支持农业人口所需要的生产生态系统面积将是一个有效的办法，可以让人们看到我们正在耗尽世界资源这一事实[③]。Rees和Wackernagel在《我们的生态足迹——减轻人类对地球的冲击》这篇论文中，明确提出了“生态足迹”的含义。即“一切现存人群（某些人、城市或其他国家）的生态足迹是制造这些人群所需要消费的一切物质和能量及吸收这种人群所需要产生的一切废弃物必需的生物生产用地面积的总和”[④]。生态生产性土地可分为六大类：耕地、牧场、森林、海洋空间、化石能源用地以及建设用地。Wackernagel认为，对生态足迹的研究基于以下两种事实依据：第一，我们可以追踪、确定我们消耗的大部分资源和我们产生的废物的数量；第二，吸收的所有这种资

① 章锦河，张捷. 国外生态足迹模型修正与前沿研究进展[J]. 资源科学，2006（6）：196 － 203.

② REES W E. Ecological footprints and appropriated carrying capacity: What urban economics leaves out [J].Environment and urbanization，1992，4（2）：120 － 130.

③ REES W E. Ecological footprints: a blot on the land[J]. Nature，2003，421（6926）：898.

④ WACKERNAGEL M，REES W E. Our ecological footprint: Reducing human impact on the earth[M]. Oxford: John Carpenter，1996.

源的生产和废弃物所必须对应的生物生产面积[①]。

生态足迹的计算方法是：（1）对消费项目进行分类，并对各重点消费项目做出消费量的统计；（2）按生物生产用地的平均值，将各个消费量转换成生物生产用地的土地面积；（3）把所有生物生产性土地转换为具备同样生产力的用地规模，并进行统一整理、求和，以确定它们具体的生态足迹；（4）根据产出因素，将其与生态足迹进行对比，并对其进行分析评价[②]。

生态足迹的一般计算模型如下：

$$EF = Nef = N\sum_{i=1}^{n} aa_i = N\sum_{i=1}^{n}(c_i/p_i)$$

式中，EF 为总生态足迹，i 为消费商品和投入的类型；n 为消费项目数；p_i 为 i 种消费商品的平均生产能力；c_i 为 i 种商品的人均消费量；aa_i 为 i 种交易商品折算的生物生产面积；N 为人口数；ef 为人均生态足迹[③]。

生态足迹模型是衡量人类社会现在能否在生态系统承载能力范围内的一种简便而又切合实际的方法，但同时也存在着一定的缺陷，例如，生态足迹着重于衡量人的发展对环境的影响和可持续发展，而忽略了经济、社会和技术方面的可持续性因素，人们对目前的消费方式的满意度以及整体方法表现出对生态的偏好；这种方法建立在静态分析基础上，不能准确地反映出未来的发展趋势，也不能对变化进程进行监控[④]。

生态足迹模型传入我国后，许多国内学者运用该方法对某区域的生态承载力作出了评价。徐中民等（2003）利用我国及部分省份（区市）

---

① WACKERNAGEL M，ONISTOL，LINARES A C，et al. Ecological footprints of nations. Mexico: Universidad Anáhuac de Xalapa，1997.

② 景跃军，张宇鹏 . 生态足迹模型回顾与研究进展 [J]. 人口学刊，2008（5）: 9 － 12.

③ 王书华，毛汉英，王忠静 . 生态足迹研究的国内外近期进展 [J]. 自然资源学报，2002，17（6）: 776 － 782.

④ 王家骥，姚小红，李京荣，等 . 黑河流域生态承载力估测 [J]. 环境科学研究，2000，13（2）: 44 － 48.

1999年的生态足迹数据，采用生态足迹方法，测算了1999年中国及一些省份（区市）的生态足迹数据，并对其进行了数据对比分析[①]。李金平、王志石（2003）亦运用此方法，对2001年澳门的生态足迹进行了统计与分析，发现澳门半岛的生态环境压力及强度都处在非常高的水平，并以此为依据，讨论了澳门发展旅游业的优势所在[②]。赵先贵等（2005）采用生态足迹法，对陕西省1978—2002年的生态足迹及生态承载力进行了数据分析，得到了陕西省生态足迹、生态承载力的动态预测模型，并对今后的发展趋势进行了预测[③]。马明德等（2014）对宁夏地区2001—2010年度宁夏人均生态足迹进行了统计，并运用偏最小二乘回归方法，对宁夏地区的生态足迹进行了评价分析，并且对其中的各影响因子的重要程度进行了对比分析[④]。

第二，高吉喜法。高吉喜法是高吉喜在其2001年出版的《可持续发展理论探索——生态承载力理论、方法与应用》中提出的一种定量方法，主要适用于生态承载力的研究。高吉喜提出，承载力概念可以理解为承载媒介对于承载物的承载能力，若要对某一生态系统的承载力情况进行判断，则需要知道其承载物的压力，以及承载力的多少，这就是高吉喜法。因此，他对生态承载媒体和承载对象的关系和内涵进行了界定，然后在此基础上提出生态承载递阶原理，并分别提出承载指数、压力指数和承压度等概念描述特定生态系统的承载状况[⑤]。

---

① 徐中民，张志强，程国栋，等．中国1999年生态足迹计算与发展能力分析[J]. 应用生态学报，2003，14（2）：280 － 285.

② 李金平，王志石．澳门2001年生态足迹分析[J]. 自然资源学报，2003，18（2）：197 － 203.

③ 赵先贵，肖玲，兰叶霞，等．陕西省生态足迹和生态承载力动态研究[J]. 中国农业科学，2005（4）：746 － 753.

④ 马明德，马学娟，谢应忠，等．宁夏生态足迹影响因子的偏最小二乘回归分析[J]. 生态学报，2014，34（3）：682 － 689.

⑤ 高吉喜．可持续发展理论探索——生态承载力理论、方法与应用[M]. 北京：中国环境科学出版社，2001.

在承载指数上，高吉喜提出，生态承载力的支持能力取决于三个方面，分别为资源承载能力、环境承载能力和生态弹性能力。因此，生态承载指数也从这三个方面确定，分别称为生态弹性力指数、资源承载指数和环境承载指数。生态弹性度可表达为：

$$CSI^{eco}=\sum_{i=1}^{n} S_t^{eco}\cdot W_t^{eco}$$

式中，S_t^{ecc} ——生态系统特征要素，分别代表地形地貌、土壤、植被、气候和水文五要素；W_t^{ecc} ——要素 i 相对应的权重，n=5。

在压力指数方面，高吉喜认为因为生态系统的最终承载力，对象目标为居住质量超过一定水准的人口总数，所以生态系统压力指标可以通过承载的人口数量以及其理想的生存质量来表达，因此压力指标也可以表示为：

$$CPI^{pop}=\sum_{i=1}^{n} P_i^{pop}\cdot W_i^{pop}$$

式中，CPI^{pop} ——以人口表示的压力指数；P_i^{pop} ——不同类群人口数量；W_i^{pop} ——相应类群人口的生活质量权重值。

承载压力度的基本表达式为：

CCPS=CCP/CCS

式中，CCS 和 CCP 分别为生态系统中支持要素的支持能力大小和相应压力要素的压力大小。

在生态系统三大指数表达模式的基础上，高吉喜建立了基于生态承载力的区域可持续发展评价指标体系，并提出生态承载力系统控制与改善方法。高吉喜运用此方法，以生态承载力理论为基础，以地理信息系统和遥感技术为手段，在对黑河流域现状分析的基础上，对黑河流域的生态承载力进行分析评价，然后提出了黑河流域可持续发展模式与对策[①]。

第三，供需平衡法。王中根、夏军（1999）认为，地区生态环境的承载能力是指在特定时间、一定区域内的生态环境体系，它体现出了区域社会、国民经济和人们生活的不同需要，并具体涉及人们的生活、工作和享乐需要的物质资源量和生态环境质量两个主要方面的实现情况。因此，衡量区域生态环境承载能力应从该地区现有的各种资源量（P_i）与当前发展模式下社会经济对各种资源的需求量（Q_i）之间的差量关系（如（$P_i - Q_i$）/Q_i），以及该地区现有的生态环境质量（CBQI）与当前人们所需求的生态环境质量（$CBQI_i$）之间的差量关系（如（$CBQI_i - CBQI_i$）/ $CBQI_i$）入手[②]。若差值 > 0，表明区域生态承载力有盈余；差值等于 0，表明区域生态承载力处于临界状态；差值 < 0，表明区域生态承载力超载。这种方法多用于流域的生态承载力评价[③]。因此，王中根等以环境承载力相关的理论与观念为基础，简化了衡量生态环境承载能力的方法，并在此基础上建立了供求关系的测度模型，即供需平衡模型。他的研究表明，区域生态环境承载能力的强弱取决于其所处的生态环境体系和社会经济体系，其影响因素包括社会经济和生态环境两个方面，这两个方面分别反映的是社会经济发展程度和生态环境质量的状况。王中根、夏军等以 S 流域为例，对其生态环境承载能力进行了研究，S 流域位于生态环境比较恶劣的西北干旱地区，结果表明，S 流域的生态环境承载能力已超过负荷，并估计出了其最大限度的生态环境承载能力，并估算出该区生态环境承载能力将达到最低点的时间。基于上述方法，杨志峰、隋欣等构建了以广州为例的生态城市水资源供求关系模型，在进行了一系列分析之后，研究结果表明生态环

① 高吉喜．可持续发展理论探索——生态承载力理论、方法与应用 [M]. 北京：中国环境科学出版社，2001.

② 王中根，夏军．区域生态环境承载能力的量化方法研究 [J]. 长江职工大学学报，1999（4）：3 － 5.

③ 向芸芸，蒙吉军．生态承载力研究和应用进展 [J]. 生态学杂志，2012，31（11）：2958 － 2965.

境需水对供需平衡状态影响显著[①]。

该方法大大简化了对生态环境承载能力的分析与计算，提高了工程应用的可操作性，可以对区域生态环境承载能力进行有效的分析与数据预测。但是，现行的供求关系法还停留在传统的简单、实用的计算方式上，缺少创新性，而且要对各种指标进行权重的确定的这个步骤中，具有很大的主观性，另外，根据这种方法，对社会经济指标的选择太过简单，对人类的消费状况也没有完全的反映，无法反映出人类活动、生活质量、社会进步对区域生态承载力的影响[②]。

第四，状态空间法。状态空间是对欧氏几何空间中系统状况进行定量表述的一个有效方式。以三维空间轴表示，主要包括了系统中的各要素的状况。毛汉英、余丹林认为，这三条轴线就是人类活动、资源、自然环境的三轴，利用状态空间方法，就能够表现出在某一特定时间内不同区域的不同的环境承载状况[③]。

毛汉英、余丹林所提出的三个维度，即人口、经济社会活动、地域资源环境。在此基础上，人们利用状态空间方法，就能够表现出在某一特殊时间内各地区的各种环境负荷状况，但不同地区的人为活动方式对各地区的资源和环境的影响差别较大，而且在不同地区的资源和环境形式下，所产生的人们活动强度也不尽相同。在各状态空间里，各种资源和环境的组成，就结合组成了区域承载力的曲面。从状态空间的基本含义上来看，任意一个在这个曲面以下的一个点，都代表着一种特殊的资源和环境的组成，它的经济和社会价值比它的承载能力还要低，而超过这个曲面的任何一点，就说明了人们的经济和社会价值已达到了对这种

① 杨志峰，隋欣．基于生态系统健康的生态承载力评价 [J]. 环境科学学报，2005，25（5）：568 － 594.

② 魏晓旭，颜长珍．生态承载力评价方法研究进展 [J]. 地球环境学报，2019，10（5）：441 － 452.

③ 毛汉英，余丹林．区域承载力定量研究方法探讨 [J]. 地球科学进展，2001，16（4）：549 － 555.

资源和环境的最大承载能力。

据此，毛汉英，余丹林采用状态空间中的原点同系统状态点所构成的矢量模表示其大小。由此得出区域承载力的数学表达式为：

$$\mathrm{RCC} = |M| = \sum_{i=1}^{n} x_{ir}^{2}$$

式中：RCC 为区域承载力值（Regional Carrying Capacity）的大小；$|M|$ 为代表区域承载力的有向矢量的模；x_{ir} 为区域人类活动与资源环境处于理想状态时在状态空间中的坐标值（i =1，2，⋯，n）。在考虑了人、资源、环境等因素对区域承载能力影响的情况下，其权值也是不同的，在考虑了状态轴的权值后，其计算公式如下：

$$\mathrm{RCC} = |M| = \sum_{i=1}^{n} w_i\, x_{ir}^{2}$$

式中，w_i 为 x_i 轴的权。

但是，由于现实的区域承载状况同状态空间中理想的区域承载力并不完全保持一致，往往会有一定的误差，由此造成实际地区承载力状况出现超载、满载与可载 3 种情况。毛汉英和余丹林认为区域承载状况的计算公式为：

$$\mathrm{RCS}=\mathrm{RCC}\times\cos\theta$$

式中：RCS（Regional Carrying States）为现实的区域承载状况；RCC 为区域承载力；θ 为现实的区域承载状况矢量与该资源环境承载体组合状态下的区域承载力矢量之间的夹角。根据矢量夹角计算公式可求得：

$$\cos|\theta| = \frac{(a，b)}{|a||b|} = \frac{\sum_{i=1}^{n} x_{ia}x_{ib}}{\sqrt{\sum_{i=1}^{n} x_{ia}^{2}} \times \sqrt{\sum_{i=1}^{n} x_{ib}^{2}}}$$

式中，a、b 分别代表状态空间中的两个向量，假设其顶点分别为 A、B，x_{ia} 和 x_{ib} 则代表顶点 A、B 在状态空间中的坐标值（i =1，2，...，n），n 代表状态空间的维数。在本文概念模型中，n =3。

根据上述概念模型分析，毛汉英和余丹林得出如下结论：超载时的区域承载状况的矢量的模必然大于区域承载力矢量的模；反之，可载时区域承载状况矢量的模则小于区域承载力矢量的模。据此，可对夹角 θ 的符号及现实的区域承载状况与区域承载力的关系用下式表明：

$$\theta\begin{cases} >0，\forall|\mathrm{RCS}|>|\mathrm{RCC}| & 超载 \\ =0，\forall|\mathrm{RCS}|=|\mathrm{RCC}| & 满载 \\ <0，\forall|\mathrm{RCS}|<|\mathrm{RCC}| & 可载 \end{cases}$$

式中：$|\mathrm{RCS}|$ 表示现实的区域承载力矢量的模；$|\mathrm{RCC}|$ 表示理想状态时的区域承载力矢量的模；θ 为两者的夹角。

毛汉英、余丹林认为，在以上所说的概念模式中，主要描述的人类的行为会给载体带来压力部分，而忽略了人的主观能动性，尤其是在科学技术飞速发展的今天，人们可以利用新的替代资源；或者通过限制自己的行为来降低资源和环境的污染，以达到增加承载力的目的。因此，在实践中，要把人的行为分为压力型和潜能型两种类型，并制定相应的评价指标，以保证其科学性①。

毛汉英和余丹林利用状态空间方法对环渤海地区的资源和环境承载能力进行了分析，根据区域承载力及承载状况的反馈关系，建立了环渤海地区区域承载能力 SD 模型，并对未来的发展趋势做出了预测②。陈乐天、王开运等在崇明岛区的生态承载力评估中，采用 AHP 方法确定了各因子的权重，采用状态空间模式对崇明岛的生态承载力进行了评估，在分析当中，作者利用 GIS 空间插值方法对数据进行了空间量化与生态承载力空间分异分析③。熊建新、陈端吕等运用层次分析和状态空间方法，

---

① 毛汉英，余丹林．区域承载力定量研究方法探讨[J]. 地球科学进展，2001，16（4）：549 － 555.

② 毛汉英，余丹林．环渤海地区区域承载力研究[J]. 地理学报，2001，56（3）：363 － 371.

③ 陈乐天，王开运，邹春静，等．上海市崇明岛区生态承载力的空间分异[J]. 生态学杂志，2009，28（4）：734 － 739.

从生态弹性、资源和环境承载力、社会—经济协调性三个角度，建立了洞庭湖流域生态承载力的评价指标体系，并通过对2001、2005、2010年三个相隔固定的时间段的生态承载力进行了量化的研究，得出结论为，引起生态承载力变化的最直接驱动力是人类社会经济活动①。许冬兰和李玉强运用状态空间评估模式，建立了2003—2009年度的海洋生态环境承载能力评估指标，对这个时间段的生态承载力进行了分析②。郭轲、王立群基于建立京津冀区域资源与环境容量的指标体系，利用状态空间模型对京津冀区域的资源和环境容量进行了测量，并利用Tobit模型对京津冀区域的资源和环境容量进行了研究③。纪学朋等将甘肃省生态环境承载能力的生态功能弹性力轴、资源环境供容力轴及社会经济协调力轴三轴作为研究区，采用状态空间方法分析了甘肃省生态承载力的空间分异特征、空间关联特征和耦合协调性，选用状态空间法构建出了甘肃省生态承载力评价模型④。

2.预警机制的研究

（1）预警机制的内涵及研究现状

预警理论的应用，经历了从军事到民用的发展过程。预警最早用于军事领域，主要用来进行雷达勘测和导弹防御系统；后来扩展到民用领域，先用以宏观调控，对经济的周期性波动进行预测⑤。随后出现了灾害预警

① 熊建新，陈端吕，谢雪梅.基于状态空间法的洞庭湖区生态承载力综合评价研究[J].经济地理，2012，32（11）：138 － 142.

② 许冬兰，李玉强.基于状态空间法的海洋生态环境承载能力评价[J].统计与决策，2013（18）：58 － 60.

③ 郭轲，王立群.京津冀地区资源环境承载力动态变化及其驱动因子[J].应用生态学报，2015，26（12）：3818 － 3826.

④ 纪学朋，白永平，杜海波，等.甘肃省生态承载力空间定量评价及耦合协调性[J].生态学报，2017，37（17）：5861 － 5870.

⑤ 吴玉敏.《未雨绸缪——宏观经济问题预警研究》一书评介[J].经济学动态，1994，12.

和环境预警[①]，如今逐渐渗入人们的日常生活的各个领域。

根据CNKI文献查询结果来看，生态环境承载能力预警机制的研究主要集中在国内，尤其是2000年之后，随着社会的发展进步，以及人与自然之间的矛盾日益突出，越来越多的学者开始重视预警机制的研究，包括预警技术手段、模型构建、估量方法选择和数据收集与分析等诸多方面。

傅伯杰作为较早从事预警机制研究的学者，认为区域资源的开发利用必然会带来生态后果，这种生态后果需要生态环境预警来解决。区域可持续发展的能力高低要从调控力、缓冲力、承载力、生产力和稳定性五个方面进行分析，并提出要选取自然资源、生态破坏、环境污染和社会经济指标构建区域生态环境评价和预警的指标体系[②]。

从单要素承载力预警机制的有关研究来看：金菊良等[③]在进行水资源承载力预警机制研究中，认为水资源承载力预警机制包括基础信息收集管理、预警指标诊断、预警模型预测、预警信息发布和预警管理决策五项机制，并且提出了科学的预警机制的工作原理和工作过程，以构建科学、动态的水资源承载力预警指标体系。毕婉君[④]在进行中山市土地资源承载力预警机制研究时，构建了由土地资源人口承载力、建设规模承载力、经济承载力三个准则层六个具体指标组成的评价指标体系，采用极差归一化方法计算正向指标和逆向指标的状态指数，以衡量该指标所处的状态级别，根据状态指数级别划分表确定各指标的预警机制情况。

---

① 丁同玉．资源—环境—经济（REE）循环复合系统诊断预警研究[D]．南京：河海大学，2007.

② 傅伯杰．区域生态环境预警的理论及其应用[J]．应用生态学报，1993，4（4）：436 – 439.

③ 金菊良，陈梦璐，郦建强，等．水资源承载力预警研究进展[J]．水科学进展，2018，29（4）：583 – 596.

④ 毕婉君．中山市土地资源环境承载力预警机制分析[J]．当代经济，2016，（11）：70 – 72.

从多要素承载力的预警机制来看，樊杰等[①]在研讨我国资源环境承载能力预警工作的技术过程、评估系统、集成方式和类别的界定等关键技术要点时，认为预警机理“应是透过监控和评估各地区资源环保超载情况，识别和预判地区持续发展，为制订差别化、切实可行的限制性政策提出根据”。贾滨洋等[②]在探讨建立的特大城市资源环境承载力评估与预警指标体系中，认为城市资源环境承载能力预警体系应包括对环境承载力各主要组成元素及其组合的规律的深入评估，以防止或减少由于承载力临界超载或超负荷所造成的环境风险。并提出要通过承载力指标来建立预警指标，所谓承载力指数就是通过将现有要素的承载力状况和预警的指数大小进行对比，再利用二者大小对比做出承载力评估，承载指标越大，就表明城市的承受能力越高，承载状态越好。俞勇军、陆玉麒[③]以可持续发展理论为研究视角，在一定经济理论、突变论、协同论、系统论等理论指导下，认为预警机制主要是采用科学的预警技术和方法、建立科学的指标体系、构建预警模型、建立便捷的信号系统，实现经济、社会、资源和环境的可持续发展，并对监测中获得的警情、警兆等进行及时的反馈以用于生态问题的决策支持系统之中。高鹭等[④]在阐述生态承载力的概念演进过程和估量方法时，提出生态承载力具有多元性、非线性、动态性、多重反馈的基本特征，因此在预警方法符合预警机制的建立过程中，必须要做到反映问题为本质的实用性、技术上可用的灵活性以及有据可依的科学性。

① 樊杰，周侃，王亚飞．全国资源环境承载能力预警（2016 版）的基点和技术方法进展 [J]. 地理科学进展，2017，36（3）：266 － 276.

② 贾滨洋，袁一斌，王雅潞，等．特大型城市资源环境承载力监测预警指标体系的构建：以成都市为例 [J]. 环境保护，2018，46（12）：54 － 57.

③ 俞勇军，陆玉麒．南京市可持续发展预警系统初探 [J]. 经济地理，2001（5）：527 － 531.

④ 高鹭，张宏业．生态承载力的国内外研究进展 [J]. 中国人口·资源与环境，2007，17（2）：19 － 26.

（2）当前生态环境预警机制中存在的问题

当前我国学界对于生态环境预警机制的研究虽已形成了各家之说，也有不少学者构建出了预警机制模型，但是生态环境预警机制研究尚存在一些问题需要解决。其一，生态环境监测系统还无法满足生态环境建设的需要，大量的已有研究都基于监测数据，导致国内研究在指标体系建立上受到限制，降低了指标提取的可操作性；其二，缺乏数据共享，各部门收集数据的数据标准、格式和技术路线都不统一，给之后数据的分析利用造成不便；其三，缺乏长时间序列下的生态环境评价，对历史数据的利用不足，导致大量的研究都是以3—5年为周期间断实现的；其四，对空间特征保留不足，还以传统的县、市级行政区划为单元进行研究，忽略了有些生态问题需要协同治理的现实需要；其五，在选取评价方法时，概念模型需要和其他方法结合使用，导致在指标选取上有大量的重合，而且模型的可移植性较差；其六，预警的概念虽然达成统一，但在研究中，缺少对未来状态的预测，大量研究只是基于历史和现状简单地提出建议，没有对未来状态进行切实的预测。

（3）生态环境承载能力预警机制中问题出现的原因及对策

第一，环境评价描述影响生态环境预警的客观性和科学性。陈国阶、何锦峰[①]阐述了以往常用的环境评价的静态描述，即环境影响程度或环境质量指数（前者描述人类活动对于环境或生态因素影响力的正负和大小，后者主要用来表征大气、水体、土壤、生物等受污染物污染的程度及其所属的质量等级）所导致的生态环境预警存在的问题：（1）缺乏动态变化的影响分析，导致难以预测受人类干扰、污染或影响后的环境质量变化趋势；（2）缺乏对受影响环境系统抗干扰能力的分析；（3）环境影响的速度和时间累积被忽视，导致环境质量的警戒点和预警时间或时段很难确定。

① 陈国阶，何锦峰．生态环境预警的理论和方法探讨[J]. 重庆环境科学，1999（4）：3－5.

因此，陈国阶、何锦峰提出了环境预警应从动态角度出发，着重从生态环境是否出现退化或恶化、这种退化或恶化的速度是否很快、现在是否处于退化或恶化较为恶劣的状态以及是否处于退化或恶化的突变点上，对生态环境进行监测和预测，以实现及时有效的生态预警。并且强调了要建立起生态环境预警的技术和手段，包括未来环境预测、预警参数选择以及各种警戒线的确立等工作。

第二，技术手段关系到生态环境预警的准确性和实操性。廖兵、魏康霞[①]在研究鄱阳湖生态环境监控预警体系时，提出了当前在预警体系中常见的问题，即“技术手段单一，智能化程度不够”。指出鄱阳湖污染治理管控限于常规的环境监察管控，监控预警分级体系尚不完善，缺乏数据的实时获取、共享、汇聚、融合、挖掘分析等综合手段，多部门预警联动尚未形成，因此治理智能化程度偏低。

当前生态环境日益复杂和多变，对生态环境如何实现科学、精准的预警提出了更高的要求。随着科技的发展进步和5G时代的到来，开启了万物互联智能新时代，5G技术应用到生态环境预警机制的建立中，建立起“天—空—地一体化”的预警体系，为生态环境预警体系的建立提供更好的技术保障，成为当前生态预警的重中之重。

（4）关于生态环境预警机制的主要研究方法

朱卫红等（2014）以图们江流域湿地生态安全为出发点，基于PSR模型构建了适合该区域的生态安全评价指标体系，使用综合评价法对多年湿地生态安全进行评价，同时基于灰色预测模型构建了湿地生态安全预测模型来对未来40年湿地安全进行预测[②]。马书明等（2009）构建了矿区预警指标体系，选取大气质量、水环境质量、噪声环境质量、生态质量为一级

① 廖兵，魏康霞．基于5G、IoT、AI 与天地一体化大数据的鄱阳湖生态环境监控预警体系及业务化运行技术框架研究[J]. 环境生态学，2019（7）：23 － 31.

② 朱卫红，苗承玉，郑小军，等．基于3S技术的图们江流域湿地生态安全评价与预警研究[J]. 生态学报，2014，34（6）：1379 － 1390.

指标，以灰色系统理论为基础，建立了矿区灰色预测模型，通过对预警指标的无量化和赋权，建立了综合预警模型①。熊建新等（2014）利用状态空间法和人工神经网络模型对洞庭湖区生态承载力进行预警分析②。胡和兵（2006）首次选择人工神经网络模型与生态足迹指标体系相结合进行了生态敏感型地区生态安全预警模型设计③。

三、已有研究的简要评价

生态环境承载能力预警机制的研究伴随着经济社会的迅猛发展，成为公共管理领域研究的重点议题。国内外学界对于城市生态环境承载能力预警机制的研究内容丰富、视角多元，并不断进行拓展与深化。国外学者对生态环境承载能力及预警机制的研究起步较早，为我国在该领域的研究奠定了基础。在生态环境承载能力理论与实践应用方面，国外学者善于以“综合”的视角建构生态环境承载能力测度模型，继而将这些模型分别应用到不同类型的承载能力研究中，理论建构能力较强；在预警机制研究方面，亦形成了清晰的研究思路与广阔的研究视角。国内学者也根据我国国情与生态环境治理实际，通过不同方法对生态环境承载能力进行了测度，并对预警机制的内涵、问题及对策建议等展开系列研究，为城市生态环境承载能力及预警机制的深化研究提供了思路与方法。

但既有的研究仍存在不足之处。第一，生态环境承载能力研究缺乏科学合理的研究体系。生态环境承载能力是集计算评估、趋势预测、区域规划与决策于一体的综合研究，然而部分学者仅从单一资源系统、环境系统和社会经济系统或两两组合进行研究，尚未将三者结合起来进行系统性、

① 马书明．区域生态安全评价和预警研究[D]. 大连：大连理工大学，2009.

② 熊建新，陈端吕，彭保发，等．基于ANN的洞庭湖区生态承载力预警研究[J]. 中南林业科技大学学报，2014，34（2）：102－107.

③ 胡和兵．生态敏感性地区生态安全评价与预警研究—以安徽省池州市为例[D]. 上海：华东师范大学，2006.

综合性研究；同时，尚未构建起通用的标准测度方法体系，诸多方法、模型的普适性有待商榷。第二，生态承载力空间尺度与格局分异研究涉足较少。生态承载力供给与自然资源禀赋、土地资源格局等密切相关，具有明确的空间分异特性，但现有研究中格局分异研究较少，未充分考虑到区域空间内部的差异性。第三，将生态环境承载能力与预警机制结合起来进行的研究略显不足。运用定量方法对某一区域的生态承载能力进行计算评估与趋势预测后，在此基础上结合预警机制提出有针对性的治理对策与建议的研究尚为少数。

综上所述，国内外关于生态环境承载能力预警机制方面的研究还有较大拓扩空间。建构符合实际的生态环境承载能力指标体系，大尺度研究生态环境承载能力问题，小尺度开展机制机理和科学问题验证研究，综合采用定性研究方法与定量研究方法去进行更深层次的探索研究将是未来的一个发展方向。

第三节 研究方法与内容

一、研究方法

1.文献分析方法

本书系统梳理生态环境承载能力与预警机制的国内外相关著作、期刊论文、调查研究报告、学位论文等文献资料，同时收集有关沈阳市有关生态环境承载能力各类政策文件、研究报告、条例说明等，建立在这些文献资料的基础上，对沈阳市生态环境承载能力预警机制进行系统的分析和研究。

2.熵权法

熵权法作为一种客观赋权评价方法，主要根据各指标变异程度，通过计算指标的信息熵，根据指标的相对变化程度对系统整体的影响来决定指标的权重，利用信息熵计算出各指标的熵权，从而得出较为客观的指标权重，在现在的科学研究当中较多使用，有较强的研究价值。熵最初是一个物理学界的热力学名词，用来表示能量在空间中分配的均匀程度，是对于体系中无序度的度量。在系统论中，熵越大说明系统越混乱，携带的信息越少，熵越小说明系统越有序，携带的信息越多。信息熵是对随机事件不确定的度量，如果某个指标的信息熵越小，表明其指标值的变异程度越大、提供的信息量越大，所以在综合评价中所起的作用及该指标对应的权重也应越大，所能提供的信息较多，在评价问题时的影响也会较大；反之，如果变异程度越小、提供的信息量越少，所以在综合评价中所起的作用及该指标对应的权重也应越小，所能提供的信息较少，在评价问题时的影响也会较小。另外，熵权法是一种客观赋权方法，完全依靠指标的样本观测值和构建的指标体系的自身信息来判断指标的有效性和重要性，整个评价过程都是根据数据的本身特征来确定指标权重，不需要人为赋权，不受人为因素的干扰，可以依据客观实际对指标在体系中的作用做出客观、公正的评价。能够有效避免因为指标数据差异过小而导致分析评价困难等问题，具有较强的客观性、较高的精确度和科学性等特点，能综合系统地反映指标信息的效用价值。

3.TOPSIS法

TOPSIS 法由 C.L.Hwang 和 K.Yoon 于 1981 年首次提出，又称为逼近于理想解的排序方法，本质上是根据有限个评价对象与理想化目标的接近程度进行排序的方法，是对现有的研究对象进行相对优劣的评价，依据多项指标对方案进行比较，对于样本资料没有特殊要求，是有限方案多目标决策的综合评价方法中一种常用的方法。TOPSIS 法根据有限个评价目标与理想目标的接近程度进行排序，在现有的对象中进行相对优劣的评价。理想化目标有两个：一个是肯定的理想目标，也称为最优解；一个是否定的理想目标，也就是最劣解。TOPSIS 法的中心思想在于首先确定各项指标的最优解和最劣解，最优解的各个属性值都达到各候选方案中最佳值，最劣解则为最差方案，之后求出各个方案与最优解、最劣解之间的距离，然后计算待评价对象与二者之间的距离，获得待评价对象与二者的接近程度，以此作为方案评价的依据，所以 TOPSIS 法也被称为优劣解距离法。TOPSIS 评价法对样本和指标的数量、数据的分布等都没有严格要求，对原始数据中的有效信息能够充分利用，计算结果也可以精确地反映各评价方案之间的差距；适用范围广泛，既适用于小样本资料，也适用于多评价对象、多指标的大样本资料。因此在研究中得到了广泛的使用，国内一些学者已经运用该方法进行生态环境承载能力评价研究，可以得出良好的计算结果。同时，TOPSIS 法对指标样本的要求也不高，对于数据的分布、样本含量等没有严格的要求，对少量的样本数据进行评价可以得出科学有效的结论。TOPSIS 法是一种距离理想目标的顺序选优技术，在决策分析中是一种非常有效的方法。该方法已经在土地资源规划、物料选择、项目投资还有医疗卫生等众多领域得到成功的应用，明显提高了多目标决策分析的科学性、准确性和可操作性。

4.熵权法与TOPSIS法结合的优势

国内首次将熵权法与 TOPSIS 法结合起来的研究是陈雷等在 2003 年发表的《基于熵权系数与 TOPSIS 集成评价决策方法的研究》，文章介绍了两种方法的基本原理，并以招投标为例介绍了该方法的使用方式，按照计算结果进行评价决策。在结合使用中，熵权法主要解决的是对指标进行客观赋权的问题，TOPSIS 法解决的是数据排序问题，将二者结合起来可以使问题评价更加客观。但是这一做法在当时一开始并没有得到特别的重视，直到进入 21 世纪，学者发现这种结合使用的方法在解决评价类问题上具有非常积极的作用，逐渐开始采用这种方法，对应的相关研究逐渐增多。在研究领域，国内国外学者使用这种方法大多聚焦于环境、电力系统、工业工程等领域的评价分析。

熵权法和TOPSIS分析方法的结合曾被广泛应用于各类评估模型研究，在本书中采用该方法来测度沈阳市生态环境承载能力水平。将熵权法和TOPSIS 法结合用于分析的原因是当选取指标进行评价时，指标的权重确定非常关键， TOPSIS 法在运算过程中需要结合各指标的权重进行计算，而传统的做法是人为赋予指标权重，也就是多用主观赋权法，但是人为因素具有较大的片面性，带有较强的主观色彩，这就导致对数据的重要性评价带有强烈的个人色彩，即使后续的 TOPSIS 法能够做出精确的排序，也会由于先前的人为权重影响最后的评价结果，此时评价出的结果也会缺乏公认性。将熵权法得到的指标权重运用在 TOPSIS 法的计算中，在保留TOPSIS 法优点的同时，引入能够客观反映指标权重的熵权法，克服了传统纯粹 TOPSIS 法难求出正负理想解的缺点，也可以最大限度地避免人为因素，使评价结果更加准确、客观。

本书将熵权法与TOPSIS法结合使用，可以同时吸收两种方法的优点，使得评价结果更具有可信度。由于 TOPSIS 法的适用范围较广，不受参考序列选择的影响，对样本进行数据标准化处理后可消除指标中不同量纲对结果的干扰；引入熵权法，根据数据本身的离散程度确定其价值及权重，与层次分析法等主观赋权方法相比，模型更加客观合理；由于对数据进行归一化处理的需要，降低了对原始数据的要求，从而提高了样本的适用性。

二、研究内容

本书聚焦“沈阳市生态环境承载能力预警机制”，在协同治理理论分析框架基础之上，聚焦经济发展力、资源承载力、环境承载力三大主要观测域，拓展建构了沈阳市生态环境承载能力监测预警的“情景—结构—过程”综合性分析框架。从“理论”维度去解码了生态环境承载能力预警机制的内在逻辑与功能价值；从“实证”维度对沈阳市2010—2019年生态环境承载能力进行了综合性测度，对近10年来沈阳市生态环境承载能力演化情况进行了科学分析，并剖析了其中可能存在的问题以及影响其动态变化的主要影响因素；从“路径”维度提出了进一步探索创新完善生态环境承载能力预警机制的未来发展路径，为沈阳市生态环境承载能力预警机制的完善以及生态治理能力的提升指明了方向。具体研究内容包括：

1.导论

主要介绍本选题的研究背景和研究意义；对生态环境承载能力预警机制的研究现状进行了系统的梳理和简要的评述；详细阐明了本书的研究内容、研究方法以及研究体系。

2.沈阳市生态环境承载能力预警机制的相关概念与理论基础

首先，深刻阐释并总结了生态环境承载能力有关的概念内涵，以便能够准确把握生态环境承载能力的精髓；其次，系统介绍了国内外生态环境承载能力及提升生态环境承载能力的相关理论，本书主要是以协同治理理论作为理论基础，以便为开展生态环境承载能力的有关实证分析提供强有力的理论性支撑。

3.沈阳市生态环境承载能力监测预警实证分析

以沈阳市生态环境承载能力指标数据为分析依据，从经济发展力、资源承载力以及环境承载力三个方面，根据科学性和可操作性相结合、一般性与特殊性相结合以及定性和定量相结合的原则，构建了沈阳市生态环境承载能力监测预警指标体系。同时，详细介绍了熵权法、TOPSIS法在生态环境承载能力测度综合分析过程中的具体应用，并利用该方法对2010—2019年10年沈阳市生态环境承载能力展开详细测度，继而对测度结果进行了综合的对比与详实的分析，客观呈现了沈阳市近10年生态环境承载能力在时间序列上的动态变化情况，并根据测定结果对沈阳市生态环境承载能力预警机制进行了具体阐述，诊断了其中可能存在的短板与不足。

4.沈阳市生态环境承载能力预警的影响因素分析

本书以生态环境承载能力为观测域，运用协作治理理论对影响生态环境承载能力的影响因素（如组织结构、职能配置、制度环境、技术工具等）进行解析后，运用制度分析方法对其进行分类、扩展。同时，在沈阳市生态环境承载能力监测预警的实证分析基础之上，分析情景性安排（主要包括政策制度、价值理念、信息互动等）、结构性安排（主要包括机构设置、职能配置、运作形态等）、程序性安排（主要包括生态环境治理方式、任务的纵横向分解以及技术工具的应用）以对协同治理理论的“结构—过程”分析框架进行拓展，重构沈阳市生态环境承载能力监测预警的“情景—结构—过程”框架。

5.国内外生态环境承载能力预警机制的经验借鉴

分析国外有关生态环境承载能力预警机制方面的典型经验，即主要针对深圳和美国波特兰大都市区等地区在生态环境承载能力预警机制方面的经验，探讨这些地区在生态环境承载能力、生态环境承载能力预警机制及生态环境治理方面的先进理念、制度建设、技术工具以及运行机制等多个方面的诸多因素，为沈阳市生态环境承载能力预警机制的创新提供一定的参考与启示。

6.沈阳市生态环境承载能力预警机制完善的对策建议

在理论、实证和案例研究的基础上，从推进沈阳市生态环境承载能力的预警角度入手，根据沈阳市生态环境承载能力预警状况及变化趋势，依据生态环境承载能力研究的理论框架，以情景、结构、过程三大要素为重要抓手，提出从协同角度完善沈阳市生态环境承载能力预警机制的对策建议，以期合理完善沈阳市生态环境承载能力预警机制，进而有力提升沈阳市的生态环境承载能力。

三、结构体系

本书主要是针对如何创新并完善沈阳市生态环境承载能力预警机制，切实解决生态环境监测预警过程中的瓶颈问题展开研究。本书以沈阳市为

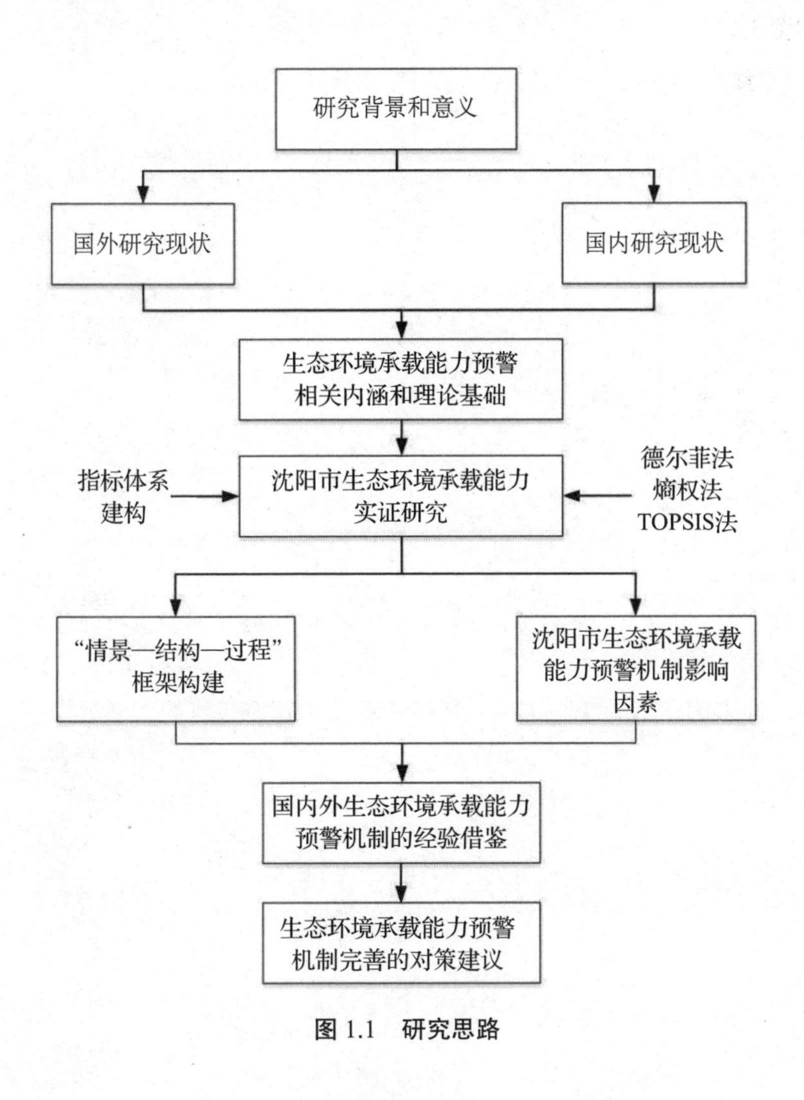

图 1.1 研究思路

研究对象，秉承科学性、系统性、可行性原则构建了沈阳市生态环境承载能力评价指标体系，测度了沈阳市 2010—2019 年生态环境承载能力，并对其预警状况、动态变化趋势以及存在的短板与不足进行了系统的分析；继而基于协同治理理论，拓展建构了生态环境承载能力监测预警的“情景—结构—过程”分析框架，对沈阳市生态环境承载能力以及承载力预警变动的成因进行了详细的解析；最后，借鉴国内外生态环境承载能力预警机制的典型经验，提出了完善沈阳市生态环境承载能力预警机制的具体措施（具体如图 1.1 所示）。

第二章　相关概念界定及理论基础

本章是本书的理论部分，主要在界定生态环境、生态承载力、预警机制等相关概念的基础之上，运用协同治理理论为本书提供理论指导。在此基础上，拓展建构了协同治理理论的分析框架，为后续研究厘清分析的脉络。

第一节　相关概念

一、生态环境

生态环境一词使用的源头较早可以追溯到19世纪50年代的译作《植物生态学》，该词最早传入中国是汉英俄对照翻译过来的，最早出现在1956年出版的工具书《俄英中植物地理学、植物生态学、地植物学名词》中。国内外关于生态环境相关的研究颇多，在对于生态环境相关概念的认知方面有多个视角，王孟本（2003）从人类与生物的不同主体视角对生态环境进行了内涵解析，他分别以人类为主体和以生物为主体区分了生态环境的具体内涵，以人类为主体是指对人类的生存和发展造成影响的自然环境因子的综合，以生态为主体主要是指对生物的一切生命活动有影响的环境因子的综合[①]。王如松（2005）从生态视角对生态环境进行了内容定义，

① 王孟本．“生态环境”概念的起源与内涵[J]. 生态学报，2003，23（9）：1910 － 1914.

认为生态环境是影响生命有机体的生存和发展的各种自然因子、生态因子和关系的总和[①]。

孙鸿烈（2005）并不赞同将“生态环境”四个字连起来使用，而是提倡将“生态”与“环境”各自分开定义，遵循各自的内涵进行语义解释[②]。黄秉维（1999）更强调生态环境的整体性，认为生态环境涉及的相关因素较多，该领域某一具体问题无法区分是生态问题还是环境问题，分开解释难以体现各因素之间的关系，适合使用“生态环境”进行表述[③]。

综合以上的学者研究，对于生态环境的定义与研究有狭义和广义之分，有学者将狭义的生态环境定义为涵盖了一系列的自然要素，如水、海洋、大气、土地、草原、森林、矿藏、动物等诸如此类环境和资源的总和，是人类赖以生存的外界条件。广义的生态环境的定义是包括自然要素和人类活动所产生的社会要素相互作用的综合体[④]，广义定义下的生态环境的定义，即不仅包含了完全处于自然状态的要素，同时也包括被人类转化、塑造等人类活动影响的要素。本书更倾向于广义定义，认为生态环境指在一定区域内，由包括环境和资源自然要素以及人类活动对于自然产生的影响的综合体。

二、生态承载力

由于生态承载力所受影响因素多，影响机制复杂多变，关于自然体系是否存在生态承载力的理论探讨众说纷纭，目前对于生态承载力的定义还难以定论[⑤]，但学者从不同角度进行了界定。

---

① 王如松．生态环境内涵的回顾与思考[J]. 科技术语研究，2005（2）：28 － 31.

② 孙鸿烈．“生态建设”这个词是可以用的[J]. 科技术语研究，2005（2）：26.

③ 黄秉维．现代自然地理[M]. 北京：科学出版社，1999.

④ 赵国强，陈立文，穆佳，等．生态环境质量评价体系建设的探讨[J]. 气象与环境科学，2018，41（1）：1 － 11.

⑤ 王家骥，姚小红，李京荣，等．黑河流域生态承载力估测[J]. 环境科学研究，2000，13（2）：44 － 48.

部分研究者对生态承受能力的定义侧重生态的自身强度、自我调节能力，以及对社会生产经营活动的支撑能力。如王中根、夏军依据对环境承载力的理解，把地区生态环境承载能力界定为，在某一时期的特定环境状况下，某地区的生态环境系统对人类社会经营活动的重要支撑力量，它是生态环境系统物质成分与空间结构特征的综合表现[①]。王家骥、姚小红认为，生态承载力是自然系统调节功能的真实体现，但是，自然系统的这种维持功能的调整程度是存在着一个极限的，如果达到了最高容载量，自然系统也就没有了保持平衡的功能，受到巨大破坏而归于灭亡，从最高一级别的自然系统降至了最低等级别的自然系统[②]。杨志峰、隋欣给出了基于自然界生态体系良好发展的生态承载力概念：在特定社会经济条件下，自然生态环境体系保持了其服务功能和自我健康发展的潜在性能。环境承受能力并非总是恒定不变化的，而是相对于某一地区具体历史发展阶段和社会经济发展水平来说的，体现了自然生态环境系统对社会经济系统发展强度的承载力，以及在相应社会经济系统健康发展强度下自然生态环境系统健康发生损毁的困难程度[③]。张林波认为：生态承载力概念必须充分考虑人类经济社会的主要发展要素及其由此产生的动态性变化，并与治理目标紧密联系在一起，以最大人类负荷原则进行界定，所以他把生态承载力概念界定为：对某一特殊地区，在资源、条件等重要自然生态要素影响下，在经济社会发展、资源开拓与运用、生态保护，以及人类经济社会文明的各个领域都能够满足可持续发展治理任务需要的最大人类经济社会发展负荷，即人口规模、人类经济社会规模和发展

① 王中根，夏军．区域生态环境承载能力的量化方法研究[J]. 长江职工大学学报，1999（4）：3 － 5.

② 王家骥，姚小红，李京荣，等．黑河流域生态承载力估测[J]. 环境科学研究，2000，13（2）：44 － 48.

③ 杨志峰，隋欣．基于生态系统健康的生态承载力评价[J]. 环境科学学报，2005，25（5）：568 － 594.

效率[①]。

部分研究者把自然环境的主动调控功能、资源和环境子系统的供容功能和经济社会发展，三者组合起来对自然承载力做出了系统性定义。如高吉喜就提出生态承载力是指人类的自我维护、主动调控的创新能力，资源与环境子体系的供容力量以及可维育的社会经济活动力量，和具备相应生活技术水平的人口数量等。这一定义包含了两个基本内涵：第一层涵义是指人类的自主维护和主动调节能力，以及资源与环境子体系的供容力量，是生态承载力的主要支撑组成部分；第二层涵义则是指自然环境内社区经济子系统的综合发展实力，为生态承载力的压力部分。高吉喜认为环保承受能力的概念包含了三种主要方面，依次是资源承受能力、环保承受能力和环保弹性力量。而自然资源承载力、环境承载力和生态弹性力则分别是环境承载力的基本前提、约束条件和支持条件[②]。张传国等则认为环境承载力主要是指生态的自我保护、自我调节功能，在不危害自然的情况下产生的对自然和经济社会发展环境的负面影响，以及由自然和环境承载力所导致的系统本身体现出的弹性势能等，均由自然资源承载力、环境承载力以及对生态的弹性势能来表现[③]。王宁等认为生态承载力是随时空发生变化的，不同时期、不同区域的生态承载力是不同的，因此他将生态承载力定义为在特定时期、特定区域内，生态系统的自我维持、自我调节、自我发展的能力，以及资源与环境子系统所能承载的人口数量，和维持的生态、经济、社会可持续发展的能力[④]。许联芳、杨勋林等将生态承载力总结为

① 张林波．城市生态承载力理论与方法研究——以深圳为例[M]．北京：中国环境科学出版社，2009.

② 高吉喜．可持续发展理论探索：生态承载力理论、方法与应用[M]．北京：中国环境科学出版社，2001.

③ 张传国，方创琳，全华．干旱区绿洲承载力研究的全新审视与展望[J]．资源科学，2002（2）：42－48.

④ 王宁，刘平，黄锡欢．生态承载力研究进展[J]．中国农学通报，2004，20（6）：278－281，385.

特定时间、特定生态系统自我维持、自我调节的能力，资源与环境子系统对人类社会系统可持续发展的一种支持能力以及生态系统所能持续支撑的一定发展程度的社会经济规模和具有一定生活水平的人口数量[①]。顾康康将生态承载力定义为，在一定时间、一定空间范围内，生态系统在自我调节以及人类积极作用下健康、有序地发展，生态系统所能支持的资源消耗和环境纳污程度，以及社会经济发展强度和一定消费水平的人口数量[②]。杨光梅认为，生态承载力是在总结资源承载力和环境承载力等单因素承载力研究局限性的基础上，将系统性理念应用到承载力研究中，并与可持续发展理念紧密结合的产物。生态承载力研究注重的是系统的整体承载功能，从综合多要素视角研究承载系统人类社会活动的承载能力，主要涉及土地资源子系统、自然环境子系统以及人类经济与社会子系统[③]。徐卫华、杨琰瑛、张路等认为，生态承载力是指对生态系统提供公共服务功能、预防生态问题、维护地方生态安全的能力。生态承载力可以大致分为两个方面：一个是指供给公共服务功能的能力，比如在水源涵养、水土保持等方面，是经济发展的基础；二是防范生态问题的能力，比如防范土壤沙砾化、水土流失等生态问题。生态体系通过创造自然环境条件和生态系统服务功能，来适应人们长期生活发展的需求，以保障国民经济发展与社会安定，保护民众生命与身体健康不受环境和生态的破坏侵害，进而实现区域生态安全[④]。

---

① 许联芳，杨勋林，王克林，等 . 生态承载力研究进展 [J]. 生态环境，2006（5）：1111 － 1116.

② 顾康康 . 生态承载力的概念及其研究方法 [J]. 生态环境学报，2012，21（2）：389 － 396.

③ 杨光梅 . 我国承载力研究的阶段性特征及展望 [J]. 科技创新导报，2009（26）：23 － 25.

④ 徐卫华，杨琰瑛，张路，等 . 区域生态承载力预警评估方法及案例研究 [J]. 地理科学进展，2017，36（3）：306 － 312.

三、预警机制

预警一词最早来源于西方，随着研究的不断深入，被引入到我国学术研究领域。在我国研究预警的过程中，1995 年，张春曙在研究中指出，预警指的是在警情发生之前对可能发生的危机情况进行预报和预测，并且从系统角度研究社会警情的预警应该从两个方面入手，一个是警情的产生，一个是警情的排除，预警对于社会风险的规避起到了重要的作用。机制一词最早起源于希腊，是指两个及以上的要素之间的相互作用与关系，即把各个部分运用相关的结构进行关联，并且用一种相互融合的方式进行协调达到某种目的。机制的运行是一个能够反映出各要素之间的相互联系、合作、补充的动态过程[①]。E Lewis，M Chang 和 W Wierzbicki 认为预警体系是通过监控、收集和获取数据，用于解释和传递风险的数据，用这些数据来预测一些不好的趋势或者影响，从而对可能受灾地区的个人、政府、社区、企业等提供行动的依据，促使他们采取积极的行动降低损失或者伤害的程序化系统[②]。Bilyana Lilly，Lillian Ablon，Quentin Hodgson 在网络领域指示和预警（I&W）框架中阐述了预警在美国国际法院中被赋予定义，即“可能的或被认为会对美国国家安全利益或军事力量造成不利影响的即将发生的活动的通知”。它进一步被定义为“针对决策者与美国和盟国的安全、军事、政治、信息或经济利益的威胁进行的独特沟通。应在足够的时间内发出信息，以便决策者有机会避免或减轻威胁的影响”。

关于预警机制，米凯民在研究中将应急管理预警机制定义为，保障政府部门灵敏且准确地昭示风险的前兆，并及时提供警示的一整套内在要素

① 张春曙．大城市社会发展预警研究及应用初探[J]．预测，1995，14（1）：47 － 50.

② LEWIS E，CHANG M，WIERZBICKI W. Early warning report: Use of unapproved asbestos demolition methods may threaten public health[R]. Washington，D. C.：U. S. environmental protection agency，2011.

的有机构成，包括预警运行的机构、制度、网络和措施等[①]。王刚对于城市公共安全机制有所研究，他认为预警机制是指预警多元参与主体在政府统一领导下协调配合，对突发城市公共安全事件进行监测和分析、预警，以及化解的稳定运作模式[②]。黄顺康提出预警机制的建立是为了能够预测并及时地搜集有关危机发生的信息，然后根据科学的标准和程序对危机爆发的可能性做出预测和判断，也可以引起多方主体的注意，并且指出建立高效的信息系统进行信息共享和信息传达是预警机制建立的关键[③]。姜楠对公共危机预警机制进行定义，即动员多方力量，政府利用信息技术和完善的组织网络，对危机态势进行监测分析，做好防范工作以及对于危机的评估工作，并制定针对性的预防措施，向相关部门发出危机警报，实现危机预警警报传达、警报处置的高效性和科学性[④]。蒋仲昌将自然灾害的预警机制界定为，预警组织管理系统依照相关原则和程序，通过灾害监测、信息收集、预警决策和警情发布等环节，灵活高效地预备、预防和预测灾害风险的管理机制。并且详细地说明了预警机制的预见效用、监测效用、预备效用和缓解效用四大效用[⑤]。陈申鹏认为预警机制是指多方主体为了有效控制和处理突发事件，最大限度减少损失，围绕预警效用最大化而开展的监测、分析、预警、响应、处置等活动的稳定运行模式[⑥]。吕树进、吕昤芳认为预警机制是一个以取得的已知信息为前提和基础，预警机构和预警人员通过逻辑分析和科学计算等推导出目前危机所处的阶段和状态，从而对警情前兆准确且灵敏的掌控，及时向相关人员提供警示使其开展积

---

① 米凯民．临河区洪涝灾害应急管理中的预警机制研究 [D]. 呼和浩特：内蒙古大学，2018.

② 王刚．大数据时代城市公共安全预警机制优化研究 [D]. 湘潭：湘潭大学，2017.

③ 黄顺康．公共危机预警机制研究 [J]. 西南大学学报（人文社会科学版），2006（6）：115 － 119.

④ 姜楠．我国公共危机预警机制研究 [D]. 沈阳：沈阳师范大学，2011.

⑤ 蒋仲昌．我国农村地区自然灾害预警机制研究 [D]. 沈阳：东北大学，2009.

⑥ 陈申鹏．深圳市气象灾害预警机制研究 [D]. 哈尔滨：哈尔滨工业大学，2019.

极行动、采取相应措施的制度[①]。本书将预警机制定义为：一个包含预测将要发生什么、预报可能发生的事件及如何采取行动预防生态环境承载能力问题的综合动态机制，是指由预警的机构、制度、保障、具体行动等构成的预警系统，围绕预警效用最大化而开展的监测、分析、预警、响应、处置等活动的稳定运行模式，根据预警信息及时做出反馈，将可能产生的灾害降低到最小影响。

四、生态承载力预警机制

生态承载力，作为一个生态学概念被广泛应用于生态学研究，表示生物个体能够存活的最大数量。后来随着社会发展和环境之间的矛盾日益突出，人与自然之间的关系愈发紧张，承载力的概念在经历了种群承载力、资源承载力、环境承载力、生态系统承载力四个阶段后，生态承载力被重新定义。

目前，我国学者们基于对生态承载力的研究，给出了以下定义：王家骥等提出环境承载力是自然界系统协调功能的真实体现，世界上所有不同的自然环境系统都存在着自身维持生态平衡的能力，这是由于自然系统作用的基础就是生态，生物具有适应环境变化的特性，而生物的环境适应性则是其细胞、个体、物种和群落等在特定条件下的演化过程中所逐步成长出来的生态学特征，是生物和环境之间互动的结果产物[②]。高吉喜把自然环境承受能力定义为：人类的自我保护、自我调节力量，对资源和环境子系统的供容力量以及可维育的社会经营实践活动力度，和具备相应生存水平的人口数量。他认为资源承受能力是生态建设承受能力的最基本要求，资源环境承载力是生态建设承受能力的约束条件，而生态弹性力则是生

① 吕树进，吕昤芳．企业安全生产预警系统设计研究 [J]. 河南科技，2017（21）：65 － 67.

② 王家骥，姚小红，李京荣，等．黑河流域生态承载力估测 [J]. 环境科学研究，2000，13（2）：44 － 48.

态建设承受能力的保障条件[①]。杨贤智认为环境承载力定义了生态系统的客观特征，即系统接受外界干扰的程度，它是系统结构和性能好坏的表现[②]。王中根、夏军以环境承载力为概念依据，提出了区域环境承载力是指在某一时期的特定环境状况下，某地区自然环境系统对人们社会经济发展的支撑水平，它是自然环境系统的成分与结构的综合表现[③]。杨志峰等结合以上研究关于环境承载力的定义，提出环境承载力并非恒定不变的，它是相对于某一具体的历史阶段或者社会的发达程度来说的，体现在自然生态环境对社会经济整体发展程度的承载力以及一定的经济体系建设程度对自然生态环境系统功能产生破坏的难易程度[④]。

预警是指在灾害或者事故发生之前，对可能发生警情的要素进行监测和预报，给人们发出警示，能在第一时间采取相应的措施，以最大限度地减少警情的发生或者将损失降到最低。曹妍在生态环境预警的理论与方法研究中提出生态环境预警的概念，是指主要围绕生态环境的退化现象，及时地做出警告，人类再及时进行改善，而对于进化的状态则是不用警告的[⑤]。这里的预警会对生态系统和环境质量的反向变化做出预测和警示，人类对生态环境做出的行为是通过自然生态环境体现。环境预警实际会涉及人类活动因素和生态环境本身对外来作用的恢复能力、调节能力、缓冲能力等因素，现今对于生态环境预警需要在原来的基础上引入新的东西。

目前关于生态承载力预警机制，学界尚未给出统一的定义，根据有关

① 高吉喜. 可持续发展理论探索：生态承载力理论、方法与应用 [M]. 北京：中国环境科学出版社，2001.

② 杨贤智. 环境管理学 [M]. 北京：高等教育出版社，1990: 150 － 155.

③ 王中根，夏军. 区域生态环境承载能力的量化方法研究 [J]. 长江职工大学学报，1999 (4) : 9 － 12.

④ 杨志峰，隋欣. 基于生态系统健康的生态承载力评价 [J]. 环境科学学报，2005，25 (5) : 586 － 594.

⑤ 曹妍. 生态环境预警的理论和方法探讨 [J]. 环境与发展，2018，30 (10) : 205 － 206.

生态承载力预警机制的研究，本书将生态承载力预警机制界定为经济发展力、资源承载力、环境承载力为预警对象，预测三个维度将要发生什么、预报可能发生的事件及如何采取行动预防生态环境承载能力问题，这个机制主要包括预警的机构、制度、保障和具体行动四个方面组成的预警系统，以效用最大化为原则，开展监测、分析、预警、响应、处置，对生态系统的变化趋势进行全方位的掌握，并构建土地资源承载力预警的指标体系，以便根据预警信息及时做出反馈，将可能产生的灾害影响降到最低的综合动态机制。

当前关于预警特点的研究，主要是各位学者针对具体问题开展研究，提出所研究领域预警的特点。熊建华在土地生态安全预警中提出，土地生态安全预警具有研究尺度的微观性、研究过程的延续性、研究结果的多重性和可变性等特点[①]。研究尺度微观性根源于区域间的资源要素等的差异性和特殊性，研究尺度需要从微观层面进行把握，以中小尺度为主；研究过程延续性主要是由于预警需要在过往时间序列安全状况的基础上考虑潜在因子的影响，从而为政策和行动制定提供依据；研究结果的多重性和多变性主要是由于自然、人为等因素的影响，尽管用科学预测方法能够在最大程度上模拟生态环境状况的变化趋势，但是由于受到资源利用和经济社会发展宏观政策的影响，预测情况仍与现实之间存在较大差距。庄洪林等提出网络空间战略预警的特点主要有以下几个方面：预警的职责主体为政府、预警范围对象更广、预警时间更加短促，预警目标动态性更强、战略性判定与防御对象属性相关[②]。雷天雷提出水质预警具有累积性、复杂性、动态性、滞后性的特点，其中较为明显的特点是动态性和滞后性，动态性主要是由于水质具有变化性，水质预警的动态性是水质变化性的反应；水质预警的滞后性是由于水污染的检测具有滞后性，当对水质进行预警时，

① 熊建华．土地生态安全预警初探[J]. 国土资源情报，2018（4）：30 － 34，40.

② 庄洪林，姚乐，汪生，等．网络空间战略预警体系的建设思考[J]. 中国工程科学，2021，23（2）：1 － 7.

水质污染可能发展的更为明显且深入[①]。张成龙等在进行地下水水质水位预警时提出预警的特点为警情的累积性与突发性、警源的复杂性、预警的集中性、预警的动态性[②]。

基于以上学者对于水资源预警、土地资源预警、大气预警等预警的概念界定以及特点的研究，本书将生态环境承载能力预警机制的特点总结为以下几个方面。

第一，动态性。由于经济发展力、资源承载力和环境承载力是一个动态变化的过程，每当经济发展出现动荡，比如目前新冠肺炎疫情等突发公共卫生事件、省内产业结构发展、产业优化升级、社会民生事业发展等都会影响到沈阳市的经济发展情况；沈阳市的人均水资源、人均耕地面积、人均公园绿地面积、规模以上工业单位 GDP 能耗、单位 GDP 水耗、万元 GDP 用电量也是处在一定的变化范围内，从而影响到资源承载力水平；沈阳市环境承载力的变化趋势，与沈阳市的建成区绿地覆盖率、森林覆盖率、工业废水达标排放率、空气质量达到或好于二级的比例，工业固体废物综合利用率、城市污水处理率存在直接关系，而也是需要这些指标也是处在一个动态变化之中，因此生态承载力预警机制具有动态性。

第二，复杂性。生态承载力预警机制作为一个综合性机制，机制的建立需要进行重污染天气预警、水资源预警、土地资源预警、森林覆盖率预警、固体废弃物预警等多方面预警，预警警情的获取和警报生成需要沈阳市环境监测中心站、生态环境局、政府宣传部门、工业和信息化局、城乡建设局、财政局、城市管理行政执法局、交通运输局等多个预警主体协同合作对多个预警对象和多项预警指标进行预警，因此生态承载力预警机制具有复杂性的特点。

第三，延续性。所谓的延续性就是指需要对生态承载力进行一段时

---

① 雷天雷．水质预警系统发展状况的研究报告 [J]. 北京农业，2013（21）：113.

② 张成龙，李迎春，刘颖．浅谈城市地下水水质水位预警 [J]. 产业与科技论坛，2012，11（17）：111.

间内持续不断的预警，并将警情划分登记呈报给有关部门，有关部门将根据警情等级针对警情处理的迫切程度进行及时干预，每一次预警政策和行动的制定，都要根据以往时间序列预警中得出的结果，并且考虑相关潜在风险因子对于预警结果的影响，从而对生态承载力的变化趋势进行预测和模拟。

第四，综合性。沈阳市生态环境承载能力主要包括经济发展力、资源承载力和环境承载力三个维度，这三个维度对沈阳市生态承载力状况起到了关键性作用，此生态环境承载能力预警机制包括重污染天气预警、水资源预警、土地资源预警、森林覆盖率预警、固体废弃物预警等多项预警指标，因此沈阳生态承载力预警机制的构建，是一个覆盖多个部门和多个领域的生态承载力预警的综合机制，具有综合性特征。

第二节　理论基础

一、协同治理理论

1.协同治理理论内涵

协同治理理论源于“协同学（Synergetics）”，由“协同学”与“治理（Governance）理论”共同交叉融合而成。20 世纪 70 年代，德国物理学家赫尔曼·哈肯创建了协同学理论，他将世界看作一个浑然一体的协同系统，系统内部的任何一种稳定结构物质，在接收内外双重因素的共同作用接近一个临界值时，各子系统间便会通过彼此合纵连横互相协同、演化与运动，达到一种相对守恒的状态，继而形成系统、有序的稳定结构[①]。

---

① 哈肯．协同学：大自然构成的奥秘 [M]. 凌复华，译．上海：上海译文出版社，2005.

关于治理理论，自1989年“治理危机”首次被提出并使用，国内外对“治理”的研究便如火如荼。英国Gerry Stoker教授在综合分析多种“治理”的概念后，将“治理”理解为统治方式的延伸和创新发展，在这个过程中，公、私部门之间以及公、私部门各自的内部界限均应打破而使其趋于相对模糊的状态①。综合“协同学”与“治理理论”的观点，全球治理委员会将“协同治理”定义为，公、私部门以及个体行动者协同联动对公共事务进行管理的手段、方式和工具的总和，强调以实现共同目标或利益为取向，不同利益主体协同采取持续性的联合行动②。综上而看，虽然不同机构、学者对协同治理的理解因各有侧重而并不完全一致，但其强调的无外乎两点：一是强调公共部门以及非公共部门之间应摒弃“界限思维”、柔性化其部门间边界，树立“平等观念”、保持其地位的公平性；二是协同治理是一个持续化过程，在这个过程中所有行动者均应为实现同一目标或利益而协同互动，共担责任与风险③。

2.协同治理理论模型及要义

理论模型的构建、应用和分析有助于为实践议题研究的顺利开展提供理论基础。在“协同治理”研究领域，理论模型的产出成果尚为少数，研究者大多是从较为综合的视角建构不同组织间或组织内部不同部门之间集体行动的分析框架，为后续相关议题的深化研究奠定了坚实基础。例如，John M. Bryson等（2006）从“起始条件、过程流程、结构和治理、偶然事件与约束条件、结果与责任”五个方面构建了跨部门协同的理论解释框架④。Ansell

① 俞可平．治理与善治[M]．北京：社会科学文献出版社，2000.

② 全球治理委员会．我们的全球伙伴关系[M]．牛津：牛津大学出版社，1995: 2 − 3.

③ 王梦．我国公共卫生应急管理的合作网络动态演化研究——以新冠肺炎疫情为例[D]．沈阳：东北大学，2021.

④ BRYSON J M，CROSBY B C，STONE M M. The design and implementation of cross-sector collaborations: Propositions from the literature[J]. Public administration review，2006，66（12）: 44 − 55.

与 Gash 通过对 130 余个发生在不同国家地区、不同政策领域的典型案例进行"连续近似分析"（Successive Approximation），搭建起一个包含"起始条件、催化领导、制度设计和协同过程"四部分的理论分析模型，即界内常说的"SFIC 分析模型"[①]。同时，还有经济合作与发展组织（Organization for Economic Co-operation and Development）所提出的影响力较大的"结构—过程"模型，其中"结构"主要强调的是协同过程中的组织及载体，"过程"则更加突出程序性安排以及起到协同作用的辅助性技术手段[②]。加拿大 CFERIO 组织与美国 The Center for Technology in Government 提出了包括政治、社会、经济、文化环境，制度、商业、技术环境，公民、公共、私人合作方特性等六个维度的"六维协同模型"等[③]。以上理论模型的创新提出、深入应用与不断完善均为"协同治理"的理论与实践研究提供了思路与启示，本书在经济合作与发展组织提出的"结构—过程"模型的基础之上，拓展建构了更具综合性，适应场景更广的"情景—结构—过程"模型，从而为沈阳市生态环境承载能力的动态变化提供更具系统性的分析框架。

协同治理作为强调多方行动者共同参与治理行动的方式，其核心要义主要包括：治理情景包容、治理主体多元以及治理过程互动。

第一，治理情景包容。治理任务的复杂性、多变性以及治理主体的多元性意味着治理过程中不可避免会产生一些难以调和的问题或者冲突，因此需要通过政策制度的规约、形式多样的宣传教育、价值理念的形塑以及主体间信息的流通互动，营造宽容开放的治理场景，从而为治理价值目标

---

① ANSELL C，GASH A. Collaborative governance in theory and practice［J］. Journal of public administration research & theory，2008，18（4）：543 － 571.

② OECD. Government coherence: The role of the centre of government［R］. Budapest，2000.

③ DAWES S S，EGLENZ O. New models of collaboration for delivering government services：a dynamic model drawn from multi-national research［C］. Seattle: the 2004 Annual National Conference on Digital Government Research，2004.

的达成创造有利条件。作为一种集体性行动，协同情景的开放包容性有助于在一定程度上实现对闭塞情景下治理效能的超越。同时，多元化的治理主体也并不是各自分散割裂的，而是需要建立在完全信任与合作的基础之上，彼此嵌套在同一个治理情景体系之中。如此，才能在协同治理过程中实现充分的优劣互补，最大限度发挥各方行动者自身的治理优势，以力求通过协调一致的治理行动实现治理价值最大化。

第二，治理主体多元。伴随经济社会的迅猛发展以及全球化进程的加速，严峻的国内外形势使社会及生态治理呈现高度复杂化特征，治理的新要求与新需求不断更迭变换，这一定程度上意味着国家已无法凭借一己之力解决治理过程中的所有问题。只有联合多元主体协同治理，统合不同主体之间的利益诉求与价值标准，将多方行动者的自身优势与资源有机整合形成一个治理合力，方能有效应对社会治理过程中长期存在的难以解决或者无法解决的痼疾。但有必要强调的一点是，虽然协同主体的多元化突出了各方行动者的平等地位，但政府仍然是治理价值目标设定的主导者和最终决定者，其他非政府组织、企业、公众等主体主要以协同者、配合者、辅助者的身份参与其中。生态环境承载能力预警要求高、标准严、难度大，涉及多方利益主体，不应仅仅依靠政府，还应将非政府组织、企业、媒体以及公众都囊括进来，强化各方行动者的协同、联动与配合，如此才能形成行动高效有序的协同网络。由此可见，治理主体的多元化是协同治理理论的核心构件之一。

第三，治理过程互动。治理过程主要包括协同治理过程中的程序流程、手段方式、协同任务的纵向和横向分解以及辅助治理的技术工具等。治理价值的实现有赖于多方信息与资源的聚合、各类技术手段的协同以及高效有益的互动、沟通与反馈，但当今社会的高度开放化、复杂化使处于某一子系统的个体无法掌握全部有效信息、资源抑或是技术、工具，这就需要在子系统内部或者在宏观系统之中与其他主体进行互动协商、资源共享，以达到超越零和博弈的协同治理效果，实际上这就是处于宏观系统中的子系统或者个体进行协同互动的过程。值得注意的是，互动的过程并非畅通无阻，可能还会受到不同治理环境或者规则规约的制衡，建立健全良好的沟通反馈机制有利于克服治理过程中的各种梗阻，从而形成最优化的协同效应，最终实现既定的协同价值。

二、协同治理理论与本书的契合性

协同治理理论认为，协同治理即多元行动主体基于共同的治理价值，在治理全过程谈判协商、互动合作，最终取得与治理价值有效衔接的治理效果的一种治理方式。因此，将协同治理理论应用于生态环境治理领域体现出较强的契合性。协同治理理论适用于治理情景包容化、治理主体多元化以及治理过程互动化的公共管理场域。以此为借鉴，生态环境承载能力监测预警亦呈现出以政府为主导，充分借力社会、市场等多方复合力量协同参与预警组织管理的复合型结构。在通常意义上，治理“结构”一般侧重于参与治理行动的组织载体，具体表现为国家、市场、社会这三者在生态环境治理中的角色、功能与关系。基于上述三者的关系，可以发现生态环境承载能力监测预警是一种复杂的耦合网络结构，即国家主导的科层制治理结构、社会主导的扁平化治理结构，以及市场主导的契约型治理结构三者之间的相互嵌套与协调。通过治理结构的可视化呈现有助于清晰解读各治理主体之间的关系质量、运作形态等问题。所谓“过程”，则强调的是生态环境承载能力预警组织管理过程中的各项程序性安排，主要包括协同预警的方式和手段、协同任务的纵横向分解、治理所依托的技术工具等等。此外，本书依据“情景”形成的递增与互动逻辑所陈述的生态环境承载能力预警组织管理过程中的政策制度、价值理念、宣传教育以及信息互动等，主要是想呈现沈阳市生态环境承载能力预警组织管理过程中的环境氛围状况。综之，将协同治理理论应用到生态环境承载能力预警组织管理领域具备一定的适切性。

第一，在生态环境承载能力预警组织管理过程中，生态问题的多变性以及应对形势的复杂性给生态环境承载能力警情的发现、识别以及协同应对提出了更高要求与严格标准，因此生态环境承载能力预警组织管理的政策、宣传、理念、信息场景就显得尤其重要。通过对沈阳市生态环境承载能力监测预警过程中政策制度情况、宣传教育情况、信息互动情况以及相关价值理念进行系统分析，能够有效剖析影响沈阳市生态环境承载能力动态变化的各类因素，对其中存在的瓶颈与问题及时进行诊断，并依此提出可供借鉴的应对策略。

第二，生态环境承载能力预警组织管理需要多方行动者共同参与，不同参与者会依据自身所掌握的知识、信息以及资源提供力所能及的支持与协助，但治理主体的多元化势必会在一定程度上加大主体间的协调难度，因此，在预警组织管理过程中应当对行动者之间的组合结构进行合理搭配，以保证足够的资源与信息输入去支撑主导者与辅助者各自的行动，从而有针对性地优化协同互动关系网络，有力推进生态环境承载能力的水平的提升以及预警效能的推进。

第三，生态环境承载能力预警组织管理效能的高低，涉及包括以大数据、互联网等在内的区块链技术、监测预警方面的专业人才及政府职能部门工作人员、各类别资源及财力支持以及动态化监督管理等多方面的因素，其中任何一方面出现问题，均会直接或者间接影响对沈阳市生态环境监测预警的效能。因此，通过考察上述影响因子的协同发展现状，能够在一定程度上为未来一段时间内生态环境承载能力预警机制的优化完善提供可借鉴性参考。

第三章　沈阳市生态环境承载能力实证分析

第一节　研究设计

一、资料来源

通过对既往关于生态环境承载能力的研究进行考察，发现生态环境承载能力的高低与经济、资源与环境三大维度密切关联，三大子系统内部各要素间以及子系统之间的交互运动，共同作用于生态环境承载能力。本书根据沈阳市的城市特点以及生态环境现状，并结合现有的研究成果，有效遵循指标选取的综合性、科学性、代表性、数据可获性等原则，以经济发展力、资源承载力、环境承载力三个方面作为准则层，共选取了包括人口自然增长率、城市化比例、规模以上工业单位 GDP 能耗、建成区绿地覆盖率、工业固体废物综合利用率等在内的 18 项指标，建立起“沈阳市生态环境承载能力评价指标系统”。根据研究所需，本书的数据来源主要包括《沈阳市国民经济和社会发展统计公报》、沈阳市统计年鉴、沈阳市水资源公报、辽宁省水资源公报等，数据均经由网上公开资料搜集所得。通过对数据进行多次查询、梳理、校对与整合，以 2010 年至 2019 年共 10 年的指标数据作为本书的观测域，为下一步的实证分析做好充分准备。

二、指标体系构建

在进行指标体系构建时需要遵循指标设计原则，这样可以使得评价体系做到科学性强、可行性强，依据该评价体系得出的评价结果可信度更高。指标体系构建主要遵循科学性原则、综合性原则、全面性原则、代表性原则与可获得性原则。科学性原则就是指在生态环境承载能力评价的指标体系设计时要有充分的理论依据，在之后的分析过程中分析方法的选用等也要以合理的理论作为指导，在整体指标设计过程中需要坚持客观科学的态度，这样可以实现总体的评价指标体系科学性。综合性原则指的是所涵盖的指标体系要有整体性和一定的关联性，由多个指标最终构成协调一致、层次分明的指标体系，指标体系的设计要求从多个角度以及整体都能够反映出评价对象的整体状况。全面性原则是指要求在评价体系的建立中需要尽量将所有重要的影响因素都考虑在内，如在本书中经济、资源与环境都是影响生态环境承载能力的重要因素，再进一步地分析就将这三个指标再细化构成评价指标体系。代表性原则是指选取的指标要具有真实的影响作用，舍弃一些无意义的评价指标，避免评价指标的冗余。可获得性原则是指评价体系内的数据可以通过公开的渠道获得，在数据获取过程中会有一定的难度，但是也要保证数据的可获得性与准确性。

根据对生态环境承载能力的研究，它与经济、资源与环境相关，由这几个系统相互作用形成，根据沈阳市城市特点以及生态环境现状并结合现有的研究成果，遵循指标选取的科学性原则、综合性原则、全面性原则、代表性原则与可获得性原则，以经济发展力、资源承载力、环境承载力三个方面作为准则层，共选择 18 项指标，建立沈阳市生态环境承载能力评价指标体系（见表 3.1），反映沈阳市的生态环境承载能力状况。

表 3.1　沈阳市生态环境承载能力评价指标体系

系统	一级指标	二级指标	三级指标	单位
生态环境承载能力评价指标体系	经济发展力	经济水平	财政收入	万元
			人均GDP	元
		人口规模	人口自然增长率	%
			人口密度	人/km^2
		社会状况	城市化比例	%
			社会保障覆盖率	%
	资源承载力	资源状况	人均水资源	m^3/人
			人均耕地面积	hm^2/人
			人均公园绿地面积	m^3/人
			规模以上工业单位GDP能耗	t/万元
			单位GDP水耗	t/万元
			万元GDP用电量	10^4kW · h/万元
	环境承载力	环境状况	建成区绿地覆盖率	%
			森林覆盖率	%
			工业废水达标排放率	%
			空气质量达到或好于二级的比例	%
			工业固体废物综合利用率	%
			城市污水处理率	%

三、德尔菲法确定评价指标数据

本书旨在用德尔菲法确定各评价指标。德尔菲法是邀请领域内专家形成小组进行交流，收集数据，旨在就某一具体问题形成共识的研究方法，在项目规划、政策制定、需求评测等领域广泛应用。德尔菲法需要经过几轮的数据收集，上一轮的咨询结果要求专家在下一轮咨询中重新考虑自己的原始判断，通过征求专家意见、反馈、再集中、再反馈这一过程，实现交流互动，不断修正之前的意见，最终达成集体共识，形成较一致且具有可靠性的结果。本书根据查阅的资料和以往生态承载力的研究，确立了若干初始指标，考虑到需要对这些指标进行科学、合理的筛选，以便确定能够用来研究沈阳市生态环境承载能力，本书在最终指标确定过程中采取了德尔菲法，指标层中各个指标的确定不是一个人或几个人的主观决断，而是在专业领域相关的专家学者的重重思考和交换意见中最终确定出指标体系，既能保证科学性，又能保证合理性，在很大程度上保证了该研究的可行性。本书采用德尔菲法确定指标体系的步骤如下：

首先，在专家选择上，主要邀请了有城市生态、生态承载力、资源环境、信息资源管理等研究背景与研究经验的 5 名教授和 10 名博士研究生、6 名硕士研究生成立专家组。其次，将本书有关研究背景、研究方法、研究目的以及搜集到的背景材料（包括沈阳市的有关生态数据、公开的生态环境数据、政府官网以及权威媒体报道的公开信息、沈阳市有关生态环境的法律法规等）整理成册发放到专家组各个成员，让其在了解到沈阳市生态环境承载能力现状后，对所选取的三级指标进行独立判断打分，满分 10 分制，评价指标的分数越高，说明该评价指标在沈阳市生态环境承载能力评价中发挥的作用越大。再次，收集专家学者第一轮打分的分数和意见，将其匿名分享给各位专家学者进行参考，以便于提出修改意见，并进行下一轮独立判断打分。最后，经过多轮的判断打分以及意见反馈评价后，各专家学者不再修改自己的意见并且给出相应的分数，确定出沈阳市生态环境承载能力的评价指标体系。

为了提升专家意见的信度，避免出现因个人判断标准的差异性从而导致判断偏颇，这里对专家多轮打分的均值与方差进行显著性检验，公式为：

$$\chi^2=\frac{(m-1)\times 第n轮专家打分方差}{第n-1轮专家打分方差}$$

$\chi^2=(m-1)\times$ 第 n 轮专家打分方差 / 第 $n-1$ 轮专家打分方差

其中，m 为专家人数，n 为打分轮数，当 $\chi^2<\chi^2_{0.95}$ 时，说明两轮方差无显著性差异，无须进行下一轮打分[①]。同时，为了进一步提高数据的准确性及有效性，本书采用取平均值方法，对最后得分进行处理，得到各项指标的最终评价表，最终考虑本书数据资料查阅和研究实施的可行性，选取经济发展力维度的三级指标 6 项、资源承载力维度的三级指标 6 项和环境承载力的指标 6 项共 18 项指标，确定出沈阳市生态环境承载能力的评价指标体系。

四、熵权法确定评价指标权重

熵权法能够根据各项指标提供的信息量，分析指标之间的关联度，更加客观地确定指标权重。因此，为了避免权重确定时有较强的主观性，本文采用信息熵值法来确定生态环境承载能力各项指标的权重，具体方法如下：

设沈阳市生态环境承载能力指标体系原始评价矩阵为，$S=(s_{ij})_{m*n}$，s_{ij} 为指标 i 在第 j 年的初始值；$i=1，2，3，\cdots，m$，m 为评价指标数；$j=1，2，3，\cdots，n$，n 为评价年份数。

第一步：在制定的评价指标体系中涉及多个指标，指标之间因为数量级和计量单位的不同而无法直接比较，为了消除资源环境承载力评价各指

① 刘军，莫利江，吴朗，等．电子资源综合评价指标体系的构建探讨[J]. 情报杂志，2010，29（S1）：135 － 137.

标间量纲以及物理量等属性的影响，需对收集到的指标数据进行标准化。评价矩阵标准化方法如下。

正向指标，在一定范围内数值越大，所反映的资源环境承载力越大，公式为：

$$x_{ij}'=\frac{s_{ij}-\min s_{ij}}{\max s_{ij}-\min s_{ij}}$$

负向指标所代表的含义则与正向指标相反，公式为：

$$x_{ij}'=\frac{\max s_{ij}-s_{ij}}{\max s_{ij}-\min s_{ij}}$$

为使数据处理和运算有意义，消除零值对于运算的影响，对无量纲后的数据整体平移 a 单位，最大限度保留原始数据，a 取值遵循最小化原则，设定 a 取值为 0.00001。即计算公式为 $x_{ij}=x_{ij}'+a$

第二步：然后进行指标归一化处理，计算第 i 个指标在第 j 年的比重，公式为：

$$X_{ij}=\frac{x_{ij}}{\sum_{i=1}^{n}x_{ij}}$$

第三步：计算指标的信息熵 e_j：

$$e_j=-\frac{1}{\ln n}\sum_{j=1}^{n}(X_{ij}\times\ln X_{ij}),(0\leqslant e_j\leqslant 1)$$

第四步：计算各个指标的指标权重 w_j：

$$w_j=\frac{1-e_j}{\sum_{j=1}^{m}g_j}$$

进而建立基于熵值 w_j 的加权规范化评价矩阵 z，以增强评价矩阵的客观性。

$$\begin{bmatrix} z_{11} & \cdots & z_{1n} \\ \vdots & \ddots & \vdots \\ z_{m1} & \cdots & z_{mn} \end{bmatrix}$$

$$\begin{bmatrix} X_{11}\times w_{11} & \cdots & X_{1n}\times w_{1n} \\ \vdots & \ddots & \vdots \\ X_{m1}\times w_{m1} & \cdots & X_{mn}\times w_{mn} \end{bmatrix}$$

五、TOPSIS法确定综合评价值

TOPSIS 法也称为“逼近理想解排序法”，其原理是通过检测目标方案与最优方案、最劣方案的距离进行排序，主要用于有限方案的多目标决策问题。通过对比评价矩阵内各指标量化值与正负理想解的靠近或偏离程度，确定出各个指标的理想解，将其他各个指标的数据与该理想解作比较，越靠近正理想解，说明指标越好，越靠近负理想解，说明该指标越差，最后可以通过正、负理想解距离的计算，通过对比评价矩阵内各指标量化值与正负理想解的靠近或偏离程度，可以研究沈阳市近十年生态环境承载能力情况及动态变化趋势。

首先，确定正、负理想解。设正理想解 Z^+，所谓的正理想解就是该指标的最优解，通常为正向指标的最大值或负向指标的最小值，即可以选择的最优方案；设负理想解为 Z^-，所谓的负理想解就是该指标的最劣方案，通常为正向指标的最小值和负向指标的最大值，即可以选择的最劣方案，计算公式为：

$$Z^{+} = \{\max_{1\leqslant i\leqslant m} z_{ij} \big| i=1,2,3,\cdots,m\} = \{z_1^{+}, z_2^{+}, z_3^{+}, \cdots, z_m^{+}\}$$

$$Z^{-} = \{\min_{1\leqslant i\leqslant m} z_{ij} \big| i=1,2,3,\cdots,m\} = \{z_1, z_2, z_3, \cdots, z_m\}$$

其次，计算指标到正负理想解的距离。采用欧式距离计算法，分别计算每个年份对应的指标功能值到正、负理想解的距离，设在第 j 年第 i 个指标到 Z_i^+ 的距离为 D_j^+，第 i 个指标到 Z_i^- 的距离为 D_j^-，公式如下：

$$D_j^+ = \sqrt{\sum_{i=1}^{m}(z_i^+ - z_{ij})^2}$$

$$D_j^- = \sqrt{\sum_{i=1}^{m}(z_i^- - z_{ij})^2}$$

最后，计算沈阳市历年生态环境承载能力的贴近度 T_j，以 T_j 表示历年承载力水平。设第 j 年生态环境承载能力指标功能值与理想解的靠近程度为 T_j，公式如下：

$$T_j = D_j^- / (D_j^+ + D_j^-)$$

T_j 取值范围为 [0，1]，T_j 越大表明该年度生态环境承载能力指数比较靠近最优承载力。当 T_j=1 时，承载力最优；T_j 越靠近于 0，则该年度生态环境承载能力越低；当 T_j=0 时，该年度生态环境承载能力达到最低水平。通过对比贴近度 T_j 的大小，可以对沈阳市 2010—2019 年观测域内的生态环境承载能力优劣进行排序。

第二节　实证分析

一、样本选取

本书根据构建的指标体系进行资料查询与收集整理，共采集了包括财政收入、人口自然增长率、人均水资源、建成区绿地覆盖率以及空气质量达到或好于二级的比例等在内的 18 项指标，数据来源于《沈阳市国民经济和社会发展统计公报》、沈阳市统计年鉴、沈阳市水资源公报、辽宁省水资源公报等，通过官方渠道查询整理出 2010—2019 年共 10 年的初始指标数据，为后续沈阳市生态环境承载能力的测度提供基础条件。

二、数据标准化

为了避免计量单位对分析结果的影响，按照熵权法的基本步骤，对原

表 3.2 数据标准化

指标＼年份	2010	2011	2012	2013	2014	2015	2016	2017	2018	2019
财政收入	0.0000	0.4611	0.7439	1.0000	0.9538	0.4197	0.4636	0.5687	0.7606	0.7893
人均GDP	0.0000	0.4055	0.7142	0.9652	0.9244	1.0000	0.1377	0.3296	0.5284	0.6076
人口自然增长率	0.3342	0.3208	0.3208	0.3154	0.3127	0.3612	0.0000	1.0000	0.4825	0.3073
人口密度	1.0000	0.9286	0.8571	0.8214	0.7036	0.7268	0.6071	0.5357	0.2857	0.0000
城市化比例	0.0000	0.3969	0.6997	0.7990	0.8473	0.8855	0.8830	0.8880	1.0000	1.0000
社会保障覆盖率	0.0000	0.3479	0.7488	0.8717	0.9203	0.9708	0.9422	0.8796	1.0000	0.6849
人均水资源	0.7643	0.7643	1.0000	0.7474	0.0434	0.0792	0.7643	0.0507	0.0000	0.6878
人均耕地面积	1.0000	0.8333	0.8333	0.6667	0.5000	0.5000	0.3333	0.1667	0.0000	0.0000
人均公园绿地面积	0.1930	0.0175	0.0351	0.0000	1.0000	0.9415	0.3567	0.3567	0.3567	0.3567
规模以上工业单位GDP能耗	0.0000	0.3750	0.6250	0.7500	0.8750	0.6667	0.6250	0.8333	1.0000	0.7500
单位GDP水耗	0.0000	0.4974	0.8037	1.0000	0.9763	0.9955	0.2180	0.4968	0.8165	0.9054
万元GDP用电量	0.6302	0.8333	0.9740	1.0000	0.9323	0.9063	0.0000	0.0990	0.1458	0.1615
建成区绿地覆盖率	0.9371	0.9341	1.0000	1.0000	0.8683	0.4431	0.2216	0.0359	0.0000	0.1048
森林覆盖率	0.6136	0.5614	0.8239	0.9318	1.0000	0.0455	0.0341	0.0227	0.0000	0.0682
工业废水达标排放率	1.0000	1.0000	1.0000	1.0000	1.0000	0.4367	0.4367	0.0000	0.4367	0.8734
空气质量达到或好于二级的比例	0.9867	1.0000	0.9802	0.1715	0.0000	0.1143	0.4089	0.4637	0.6725	0.6647
工业固体废物综合利用率	0.9943	1.0000	0.9627	0.8722	0.9468	0.9825	0.2703	0.2703	0.2455	0.0000
城市污水处理率	0.0000	0.5200	0.6440	0.9600	0.9600	0.9600	0.9600	0.9200	0.9600	1.0000

始数据进行数据标准化处理，得出标准化的指标（见表 3.2 ），在数据标准化之后，为了接下来的运算有意义，本文采取消除零值的处理方式，具体做法是对于标准化后的数据整体平移一个最小化的值，取值为 0.00001，既能保证运算的可行性，又能保证贴近原始数据。

三、评价指标权重

通过熵权法计算出各维度的权重占比（见表 3.3），权重越高一方面代表该维度在评价过程中所起到的作用越大，另一方面代表了该维度下不同年度的指标数据波动幅度越大，权重已经成为生态环境承载能力评价过程中的关键性指标。在本次评价结果中，森林覆盖率与人均公园绿地面积权重较高，说明在这 10 年内这两项指标发生的波动较大，是提升沈阳市资源环境承载力的重要指标；而城市化比例和城市污水处理率权重较低，说明这两项指标比较均衡，整体未发生显著变化。通过对于一级指标权重的分析来看，资源承载力是起主要影响作用的，环境承载力次之，经济发展力的影响最小，提升整体生态环境承载能力最重要的是要提升资源承载力。

表 3.3　各指标权重

指标	权重	指标	权重
财政收入	0.0334	规模以上工业单位GDP能耗	0.0299
人均GDP	0.0496	单位GDP水耗	0.0395
人口自然增长率	0.0458	万元GDP用电量	0.0699
人口密度	0.0338	建成区绿地覆盖率	0.0792
城市化比例	0.0292	森林覆盖率	0.1238
社会保障覆盖率	0.0307	工业废水达标排放率	0.0363
人均水资源	0.0870	空气质量达到或好于二级的比例	0.0595

续表

指标	权重	指标	权重
人均耕地面积	0.0728	工业固体废物综合利用率	0.0507
人均公园绿地面积	0.1013	城市污水处理率	0.0276

四、到正、负理想解的距离

根据 TOPSIS 原理，将加权规范化评价矩阵 Z 通过 TOPSIS 模型公式计算得出沈阳市 2010—2019 年生态环境承载能力与正、负理想解的距离。指标数值到正理想距离的距离越小，该指标数值越接近正理想解，说明该指标数值越好，生态承载力越好；指标数值到负理想距离的距离越小，该指标数值越靠近负理想解，说明该指标数值越差，生态承载力越差。根据 TOPSIS 模型公式，对本书所选的观测域内的三个维度中的 18 个指标进行计算，可以得出不同年份的生态承载力指标数值到正负理想解的距离。根据表 3.4 中的数据，各年份生态承载力的指标数值到正理想解的距离从 2010 年的 0.0304 下降到 2014 年的 0.0260，之后又逐渐上升到 2017—2019 年的 0.04 以上，与正理想解的距离呈现出先靠近又偏离的趋势，而各年份生态承载力指标数值到负理想解的距离在 2010—2015 年处于偏离负理想解的状态，2015 年之后呈现出靠近负理想解的趋势，这说明沈阳市的生态承载力水平在 2010—2014 年间不高，社会经济发展与生态环保的耦合协调度不够，提高生态环境承载能力任重而道远。

表 3.4　到正、负理想解的距离

年份	到正理想解距离	到负理想解距离
2010	0.0304	0.0361
2011	0.0341	0.0336
2012	0.0314	0.0405

续表

年份	到正理想解距离	到负理想解距离
2013	0.0339	0.0394
2014	0.0260	0.0468
2015	0.0392	0.0324
2016	0.0398	0.0269
2017	0.0463	0.0182
2018	0.0463	0.0203
2019	0.0410	0.0248

五、综合评价值及排名

综合评价指数是衡量各指标功能值与正、负理想解的靠近程度，其取值在 [0，1] 之间。该指数的数值越大，则说明其越接近正理想解、远离负理想解，其结果越好，越靠近最优承载力；该指数的数值越小，则说明其越接近负理想解、远离正理想解，其结果越差，越远离最优承载力。见表 3.5。

观察沈阳市各生态指标在 2010—2019 年观测域内的综合评价值，可以对沈阳市的生态环境承载能力变化趋势做出判断，将各年份综合评价值绘制成折线图（图 3.1），可以直观地看出沈阳市生态环境承载能力在 10 年内的变化情况。沈阳市生态环境承载能力在 2010—2014 年虽处于波动当中，但是总体上呈现上升趋势，并且其生态承载力在 2014 年达到最大。在 2014—2017 年，沈阳市生态环境承载能力逐年下降，并且在 2017 年达到最低值。在 2017—2019 年，沈阳市生态环境承载能力又呈现逐年上升的态势。

表 3.5　综合得分指数及排序

年份	综合得分指数（相对贴近程度）	排序
2010	0.5433	3

续表

年份	综合得分指数（相对贴近程度）	排序
2011	0.4959	5
2012	0.5633	2
2013	0.5377	4
2014	0.6427	1
2015	0.4529	6
2016	0.4033	7
2017	0.2819	10
2018	0.3045	9
2019	0.3770	8

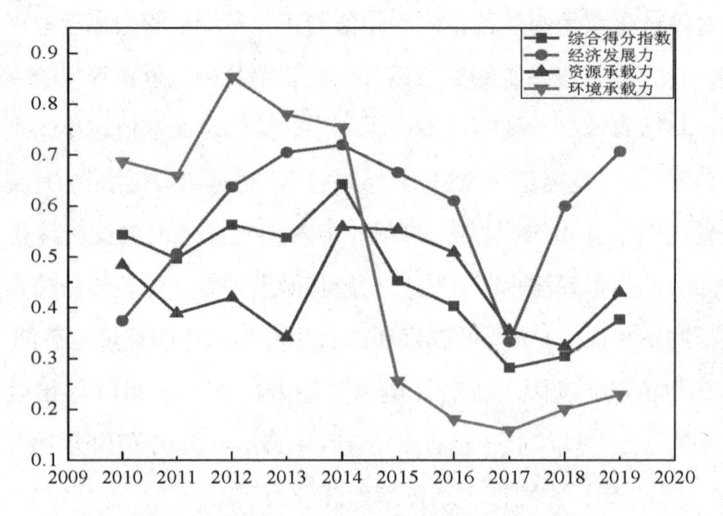

图 3.1　沈阳市生态环境承载能力变化趋势

为了更综合全面地分析沈阳市生态环境承载能力情况，本书对经济发展力、资源承载力、环境承载力三个维度的综合得分指数都做出了分析，并绘制了三个维度综合得分指数的折线图，通过将三个维度的综合得分指数折线图趋势变化与总体的综合得分指数趋势变化进行比较，可以明晰影响沈阳市生态环境承载能力的经济发展力、资源承载力和环境承载力各个维度的具体表现。

经济发展力各指标数值到正、负理想解的距离及其综合得分指数的情况说明如下。经济发展力的各指标数值到正、负理想值的距离来看，2010—2014 年间，经济发展力各项指标数值到正理想解的距离越来越小，从 0.0136 一直下降到 0.0054，降幅达 148%；到负理想解的距离从 0.3744 一直增加到 0.7199，增幅达 92%，这说明经济发展力的指标数值与正理想解的距离近，经济发展力在 2010 年至 2014 年呈现出逐年增加的趋势。

2014—2017 年间，经济发展力各项指标数值到正理想解的距离逐年增加，从 2014 年的 0.0054 一直增加到 2017 年的 0.0141，增幅达 166%；到负理想解的距离从 2014 年的 0.7199 逐年下降到 2017 年的 0.3336，降幅达 115%，这说明经济发展力的指标数值与正理想解的距离远，经济发展力在 2014—2017 年呈现出逐年降低的趋势。

2017—2019 年间，经济发展力各项指标数值到正理想解的距离越来越小，从 0.0141 逐年下降到 2019 年的 0.0054，降幅达 166%；到负理想解的距离从 0.3336 一直增加到 0.7071，增幅达 111%，这说明经济发展力的指标数值与正理想解的距离近，与负理想解的距离远，经济发展力在 2017 年至 2019 年呈现出逐年增加的趋势。

从经济发展力的综合评价指数来看，2010 年至 2014 年一直呈上升趋势，在 2014 年达到经济发展力的峰值，即最高值。自 2014 年之后，一直到 2017 年呈现出逐年降低的趋势，其中在 2016 年陡然下降，并且在 2017 年达到最低值。2017 年之后出现回暖，到 2019 年一直上升。

见表 3.6，资源承载力各指标数值到正、负理想解的距离及其综合得分指数的情况说明如下。资源承载力的各指标数值到正、负理想值的距离来看，2010—2013 年间，经济发展力各项指标数值到正理想解的距离越来越大，从 0.0243 逐年上升到 0.0321，增幅为 32%，到负理想解的距离一直处于波动当中。资源承载力的综合评价指数呈现出上下波动的特征，并总体呈下降趋势。2013—2014 年，到正理想解的距离陡然下降，从 0.0321

下降到0.0229，一年之内降幅达40%，到负理想解的距离陡然上升，从0.0167增加到0.0290，增幅达73.6%。这说明资源承载力的指标数值与正理想解的距离近，与负理想解的距离远，因此在2013—2014年资源承载力的综合评价指数陡然上升，资源承载力也因此在2014年达到峰值。

2014—2018年间，资源承载力各项指标数值到正理想解的距离呈上升趋势，从2014年的0.0229增加到2018年的0.0302，其中虽有波动，但是对总体趋势的影响不大，增幅为31.8%；到负理想解的距离从2014年的0.0290逐年下降到2017年的0.0145，降幅达100%，这说明经济发展力的指标数值与正理想解的距离远，更远离正理想解、靠近负理想解，因此经济资源承载力在2014—2018年呈现出逐年降低的趋势。

2018—2019年间，资源承载力各项指标数值到正理想解的距离减少，从0.0302下降到0.0250，降幅为20%；到负理想解的距离从0.0145增加到0.0189，增幅为30.3%，这说明经济发展力的指标数值与正理想解的距离近，与负理想解的距离远，资源承载力在2018年至2019年有所上升。

从资源承载力的综合评价指数来看，2010年至2013年，资源承载力的综合评价指数高低起伏，但总体呈下降趋势；2013年至2014年陡然上升，并且在2015年达到峰值；自2014年之后，一直到2018年呈现出逐年降低的趋势，其中在前两年下降幅度小，后两年下降幅度大，并且在2018年达到最低值。2018年之后出现回暖，到2019年一直上升。

表3.6　沈阳市生态环境承载能力

年份	到正理想解距离	到负理想解距离	综合得分指数（相对贴近程度）	排序
2010	0.0243	0.0227	0.4837	4
2011	0.0300	0.0191	0.3887	7
2012	0.0302	0.0219	0.4200	6
2013	0.0321	0.0167	0.3421	9

续表

年份	到正理想解距离	到负理想解距离	综合得分指数（相对贴近程度）	排序
2014	0.0229	0.0290	0.5589	1
2015	0.0222	0.0275	0.5533	2
2016	0.0213	0.0220	0.5083	3
2017	0.0281	0.0155	0.3548	8
2018	0.0302	0.0145	0.3247	10
2019	0.0250	0.0189	0.4300	5

六、实证结果分析

根据以上数据，可以绘制出沈阳市 2010—2019 十年间生态环境承载能力的变化趋势，如图 3.1 所示。

对沈阳市生态环境承载能力总体情况进行分析，2010 年到 2019 年的 10 年间总体情况是波动上升到快速下降最后实现缓慢上升，沈阳市生态环境承载能力在 2010—2014 年虽处于波动当中，综合评价值在 0.4959 ~ 0.6427 之间，总体呈现出上升趋势，并且其生态承载力评价指数在 2014 年达到最大，综合评价值为 0.6427，也是在观测域内出现的最大值。此阶段的经济发展力维度承载力指数一直上升，对于整体评价指数的变化影响较小；环境承载力指数呈现出先下降再快速上升最后阶段缓慢下降的趋势，而且该维度的承载力指数在这个阶段是所有维度中最高的，对于综合评价指数有一定的影响；资源承载力指数的变化趋势与综合得分指数的变化趋势相同，在一定程度上资源承载力维度的指标是影响沈阳市生态环境承载能力的重要因素。2014—2017 年沈阳市生态环境承载能力水平整体表现为下降趋势，下降速度较快，承载力指数介于 0.2819 ~ 0.4529 之间。特别是在 2014—2015 年，生态环境承载能力降速最快，在之后两年降速有所减缓，同时在这个阶段的经济发展力维度承载力指数在 2014—

2015 年间急剧下降，由于另外两个维度的评价指数下降速度较缓慢，使得综合得分指数并未出现如此大的下降，资源承载力指数与环境承载力指数也是整体的下降趋势，下降速度与经济发展力维度不同，呈现出先缓后急的下降趋势，三个维度综合作用使得综合评价指数呈现出连续下降的趋势。2017—2019 年综合承载力评价指数呈现出逐年增长的趋势，承载力指数介于 0.2819 ~ 0.3770，总体生态环境承载能力实现提升。在这个阶段内经济发展力维度承载力指数自 2017 年后呈现出急速上升，环境承载力指数与综合评价指数的变化趋势相像，资源承载力指数先降后升，总体实现增长，三个维度共同作用使得沈阳市生态环境承载能力整体水平上升。

从经济发展力维度来看，2010—2014 年沈阳市经济发展力呈现出逐年增长的趋势，评价指数介于 0.3744 ~ 0.7199，增速有所放缓，在各维度中居第二位。沈阳市经济发展水平不断提升，财政收入水平与人均 GDP 水平均实现提升，其中财政收入从 2010 年的 4653540 万元增长到 2014 年的 7855020 万元，人均 GDP 从 2010 年的 62357 元增长到 2014 年的 85816 元，而且在 2013 年沈阳市财政收入达到十年中的顶峰 8009997 万元，同样的人均 GDP 水平在 2013 年达到了前五年的最大值 86850 元。城市化比例与社会保障覆盖率呈现出持续增长的趋势，城市化比例由 2010 年的 77.07% 逐步上升到 2014 年的 80.4%，城市化水平提升；社会保障覆盖率由 2010 年的 45.41% 逐步上升到 2014 年的 60.54%，增幅在前几年较大，分别约为 12% 和 13%，在之后几年增幅骤减，但是总体来看社会保障覆盖率的提升说明社会保障工作取得积极进展，平稳有序。同时人口自然增长率和人口密度也在增长，但是总体增长缓慢，对于经济发展力整体变化影响较小。从图表中的数据来看，2014—2017 年经济发展力评价指数呈现出连续下降趋势，从 0.7199 到 0.3336 ，相较于 2014—2015 年与 2015—2016 年两年约年均 8% 的下降速度，特别是 2016 年到 2017 年间下降速度非常快，降幅为 45%，在这个阶段财政收入和人口密度稳步增长，其中财政收入从 2015 年的 6062411 万元稳步增长到 6562406 万元，人口密度从 2015 年的 567.65 人 /km^2 增长到 573 人 /km^2。人口自然增长率与人均 GDP 下降明显，其中人口自然增长率在这 3 年间经历了先上升再下降，2015 年为 –0.16 %，增长到 2016 年的 1.18%，又下降到 2017 年的 –2.53%；同时人均 GDP 从 2015 年的 87734 元下降到 2016 年的 65851 元，又经历了一轮上升，在 2017 年达到 70722 元。社会保障覆盖率也出现了一定的下降，从 2015 年的 61.37% 下降到 2017 年的 59.87%，城市化比率变动不大，均已达到 80.5% 的水平。在此阶段沈阳市按照《沈阳市加快国家中心城市建设规划（2014—2017 年）》进行经济发展方式调整，经济结构的战略性调整，努力形成以新型工业为支撑、以现代服务业为主导、以都市现代农业为基础，结构优化、技术先进、清洁安全的现代产业体系。2017—2019 年经济发展力水平上升，到 2019 年的指数与 2014 年基本相持平。主要原因包括：作为辽宁省的省会城市，同时也是我国北方重要的工业城市以及重要交通枢纽等职能，发展方向明确，通过调整省内产业发展结构，促进产业优化升级、保障社会民生事业等措施促进了经济社会的快速持续发展。

从资源承载力的维度来看，资源承载力的变化趋势与综合评价指数的变化趋势具有趋同性，这说明资源承载力对于沈阳市生态承载力的影响较为显著。与经济发展力和环境承载力相比，资源承载力综合评价指数的变化上下浮动范围较小。2010 年到 2019 年沈阳市资源承载力综合评价指数介于 0.3247 到 0.5589 之间，2010 年到 2013 年呈现出下降态势，在 2013—2014 年急剧上升并于 2014 年达到峰值，2014 年到 2018 年呈抛物线缓慢下降趋势，2018—2019 年出现回暖呈上升趋势。沈阳市资源承载力的变化趋势，与沈阳市的人均水资源、人均耕地面积、人均公园绿地面积、规模以上工业单位 GDP 能耗、单位 GDP 水耗、万元 GDP 用电量存在直接关系。沈阳大力发展经济，巩固和提升了粮食生产，工农业快速发展，对能源的需求量也逐渐增加，人们对生活水平和生活质量的要求越来越高，而这些都需要消耗更多的资源来实现。2010—2014 年，资源承载力呈现上升趋势，并且在 2013—2014 年实现急剧上升，究其原因，主要是因为这个阶段人口增长率较低，前三年为负值，分别为 –0.06%、–0.01%、–0.01%，2013 年和 2014 年人口自然增长率上升为正值，分别为 0.01%、0.02%，但沈阳市人均水资源保持在一个较高的水平上，最高达 460 m³ / 人，规模以上工业单位 GDP 能耗不断下降，从 2010 年的 0.57 t/ 万元逐年下降到 2014 年的 0.36 t/ 万元，单位 GDP 水耗下降，从 2010 年的 56.12 t/ 万元逐年下降到 2015 年的 40.55 t/ 万元。随着我国城市化水平的推进，以及党中央和国务院对新型城市化建设和生态文明建设的高要求，沈阳市出台了《沈阳市推进新型城镇化实施方案（2015–2020 年）》，方案提出要全面优化城乡资源环境，市域森林覆盖率达到 41%，人均公园绿地面积呈现增长趋势，因此这个阶段的资源承载力较高。在 2014 年到 2018 年期间，沈阳市规模以上工业单位 GDP 能耗、单位 GDP 水耗、万元 GDP 用电量未见明显下降，并且人均耕地面积和人均水资源也因为城市化水平的进一步提高变得日益拮据，因此 2014—2018 年沈阳市资源承载力呈现下降趋势。2019 年资源承载力实现小幅度回暖，但是与之前资源承载力的高水平相差甚远，说明沈阳市的资源承载力的水平目前仍处在一个较低的水平，沈阳在快速发展过程中加快了对耕地、水资源的消耗，而新的水资源、耕地资源存量短期内又无法得到增加，使得其资源承载力一直处于高消耗的水平。在资源方面利用高新技术提高资源开发利用率，减少对自然资源的利用，加大对污染物的净化和加强污物排放的监管力度，开发新型清洁可再生能源；在资源保护方面我们要加强对草地、耕地和水域的保护和修复，同时对林地资源进行维护等，或成为提高沈阳市资源承载力的良方。

从环境承载力的维度来看，随着沈阳市城市化进程的推进以及人们对于生活质量的高标准高要求，建设生态城市成为城市化发展的风向标。总体看来，沈阳市的环境承载力表现出前期高、后期低的特征。沈阳市在 2010 年到 2014 年环境承载力的评价指数介于 0.6596 ~ 0.7749 之间，虽处于波动当中，但一直维持在一个较高水平。2014 年到 2017 年，环境承载力评价指数呈线性下降，其中在 2014—2015 年出现断崖式下跌，综合评价指数从0.7546下降到了0.2559，之后便一直保持在0.2的水平。沈阳市环境承载力的变化趋势，与沈阳市的建成区绿地覆盖率、森林覆盖率、工业废水达标排放率、空气质量达到或好于二级的比例、工业固体废物综合利用率、城市污水处理率存在直接关系。2010年到2014年间，建成区绿地覆盖率的浮动范围很小，基本上保持在了42%左右，空气质量达到或好于二级的比例逐年下降，一度从2010年的90.41%逐年下降到了2014年的52.33%，降幅达到了72%，城市污水处理率呈现出逐年上升的趋势，从2010年的71%上升到了2014年的95%，城市污水处理率的提高不仅能够实现污水再次循环利用、提高水资源利用率，还能够在很大程度上减少污水对土地、水资源、生物资源的污染，从而提高环境承载力。森林覆盖率逐年上升，从2010年的23.7%增加到了2014年的30.5%，此时的环境承载力处于较高的水平。2014年环境承载力出现较大的波动，到2015年出现断崖式下降，这是由于城市化的进程加快，森林覆盖率从30.5%下降到了13.7%，建成区绿地覆盖率也呈现出下降的趋势。2014年到2017年，环境承载力评价指数总体下降，这是因为工业固体废物综合利用率逐年下降，从2015年的95.39%下降到了2019年的71.18%，建成区绿地覆盖率、森林覆盖率下降幅度不大，虽然空气质量达到或好于二级的比例逐年上升，但是上升幅度较小且低于之前的水平，因此在这一阶段的环境承载力逐年下降。2017年到2019年，工业固体废物综合利用率小幅度下降，建成区绿地覆盖率、森林覆盖率、工业废水达标排放率、空气质量达到或好于二级的比例、城市污水处理率等评价指标的数值呈现上升趋势，因此2017—2019年的环境承载力评价指数总体上升。

七、预警措施及困境分析

1.沈阳市生态环境承载能力预警机制概况

生态环境承载能力预警包含生态环境质量、生态环境风险预警等内容，是生态环境工作的重要环节，沈阳市高度重视生态环境的预警工作，通过组织机构的完善、数据技术平台的建设和在一些领域开展具体行动等措施来实现及时预警，全面提升本市生态环境承载能力，特别是在数据平台建设方面，沈阳市生态环境局对一些生态领域的关键数据进行实时监测，通过数据平台的建设，在发现异常数据之后可以在第一时间为生态环境部门通报环境质量波动，预警重大环境风险，起到做好应对措施，减免损失的作用。

沈阳市在生态环境承载能力预警工作组织机构方面，重视多方参与，共同治理，为进一步构建政府主导、机制完善、部门协同治理、企业遵守生态环境规定、社会公众参与治理监督的生态环境承载能力预警机制而提升数据平台的建设，在《沈阳市生态环境局指标领域优化提升百日攻坚行动方案》中明确将借助“数字辽宁”与“数字沈阳”建设的契机，探索行之有效的生态环境监测数据共享机制，借助全市数据资源平台，加强与国土资源、住房城乡建设、交通运输、水利、农业、卫生林业、气象等部门的协同联动，让共同监管和治理能够实现，也能够进一步完善生态环境承载能力预警机制。

沈阳市生态环境局十分重视建立数据平台，为信息资源的共享和流转提供技术支持。对现有的已经在使用中的信息系统、数据平台进行整理，规范数据资源分类，对数据资源进行规范化、标准化，形成数据资源的目录，并对其进行综合、存储、处理、分析、可视化的流程性管理。强化对生态环保监测数据资源的研究与运用，充分利用信息进行数据关联分析，为政府生态环保、监督管理、执法检查等工作提出了系统化、科学化的政策支撑，另外通过统一的生态环保监控信息公开制度，适时准确公布有关生态环境和污染物的监控信息，全面增强了政府环保信息公布的权威与公信力。

在环境监测数据异常以及发生了生态环境突发事件时，就需要及时、准确、客观地向各管理部门和社会提供权威的预警信息，沈阳市通过多种方式进一步规范生态环境承载能力预警机制，建立了大气环境质量预警体系。在大气污染预警方面，首先通过权威性文件和可参考标准来制定预警的标准，其次明确了预警级别，明确的预警等级由低到高依次为较低级别：黄色预警（Ⅲ级），中等级别：橙色预警（Ⅱ级），较高级别：红色预警（Ⅰ级）共三个等级，再一次明确了预警等级、预警工作程序和保障考核体系，规范了预警信息发布的流程，在对于大气质量和污染监测与预报会商工作流程中，主要是由沈阳市生态环境监测中心负责空气质量监测数据监控工作，同时对监测数据进行梳理，而且做好大气质量是否应该发布预警研判工作，同时与沈阳市气象局开展会商工作，统一发布环境空气质量预报信息。沈阳市专项指挥部根据会议的结果启动不同级别的预警行动，不同级别的预警有对应的预警审批流程，为了更好地发布预警信息，满足公众对空气质量信息公开的需求。当满足预警的启动要求时，由专项指挥办进行并及时完成预警申请审批流程，在政府系统的机构内部一般利用沈阳市政务 OA 向指挥部的组成单位发出预警通知，在各级别的预警单位机构也有一定的申请审批流程，并采用线上的形式通过我市重污染天气应急指挥中心微信群发送出预警文件和信息，同时配合相关单位在市政府网络上发出预警通知。此外，关于大环境空气质量作为社会公众都应该掌握的资讯，主要预警渠道为沈阳市宣传部门的电话移动短信、广播通知、有线电视、互联网、报刊、电子显示屏等途径，预警的具体要求和内容则由市专项工作指挥部办公室提出，对社会公众发出预警警示消息。根据实际情况，召开新闻媒体交流会议或记者招待会，发布有关环境空气质量、天气预报、卫生防护等方面的信息。最后，依据污染等级的变化及最近的预测，及时提出相应的提升或下调的建议。最终能够完成解除预警的流程，环境预警体系的构建及监控预警方案的有效落实，实现了对突发环境事件和日常监测中的异常数据能够及时掌握情况、及时处理、及时控制，为有效提升沈阳市生态环境承载能力水平提供了技术支撑。预警体系的建立能够最大限度预防和减少突发事件发生及其造成的危害，维持生态环境水平，保障人民群众的生命财产安全不受损失，维护整体社会面的和谐稳定。

在生态环境质量监测过程中如发现违规违法行为要及时进行处理，真正实现执法精准、执法科学、执法有依据，同时为规范环境领域的执法，全面提升相关部门执法效能，沈阳市生态环境局出台了《沈阳市生态环境局环境执法工作规范》以及其他几个配套的文件，构成了生态环境执法制度框架体系，形成了“线索发现、执法派单、现场调查、立案处罚、考核跟踪”的闭环管理模式，使得执法工作有规范的参照依据，进一步规范执法行为、提升执法效能。在执行过程中，沈阳市生态环境局对于违反生态环境相关规定的企业和个人开出行政处罚决定书，按照《沈阳市环境保护局环境行政处罚自由裁量权指导意见》规定以及环境保护、污染防治条例的具体要求做出行政处罚。另外，沈阳市生态环境局还会定期整理发布环境违法典型案例，包含对于违规违法行为的简述以及处罚意见，通过现场监管与非现场监管相结合的方式，充分利用联合执法与大数据监管的手段，有效地整合了执法资源，有效地控制和打击了环境违法行为。在执法过程中严格履行执法任务，全面优化执法方式，完善生态环境执法机制，规范相关部门执法行为，全面提高执法效率。

2.沈阳市生态环境承载能力预警举措

（1）机构设置情况。沈阳市对于整体生态环境承载能力预警机构设置尚不完善，本书以《沈阳市重污染天气应急预案》为例解读沈阳市在重污染天气中的组织机构设置，沈阳市政府对全市重环境污染气象天气的应急指挥管理工作起主要领导作用，设立重环境污染天气专项应急指挥部（以下简称“市专项指挥部”），主要承担大气质量相关整体工作的统一组织领导，指挥协调全市重环境污染天气应对，领导决定紧急处理重要事件，在紧急管理工作的启动、调整和终止起主要决策作用，组织实施重环境污染气象天气紧急响应，督促指导各区、县（市）人民政府以及全市相关单位应对特殊状况的指导、协调、训练、演习，以及督导实施等管理工作。

在市专项指挥部人员配置过程中，充分体现了部门间的互联互通、协同监督、部门协同、一体化管理的工作机制。在人员配置上，由负责城市生态环境方面的副市长兼任沈阳市专项工程指挥部的总指挥，由政府负责生态环保方面的副秘书长、市政府生态环保局负责人兼任副总指挥。由市宣传部、沈阳市教育局、工业和信息化建设局、市公安局、市自然资源局、沈阳市交通运输局、沈阳市农业农村局、沈阳市应急管理局、沈阳市人民政府国有资产监督管理委员会、沈阳市气象局以及区、县、市政府的主要领导组成，能够充分发挥各部门的职能作用，达成部门联动、共同参与的管理目标。

在沈阳市重污染天气专项应急指挥部下，各区、县（市）政府也成立相应的专项应急指挥机构，在组织建构过程中参照市专项应急组织机构的组成和职责，同时结合自身的实际情况，主导开展领导、指挥和组织自身所在的区域重污染天气应对工作，在具体工作内容方面，各区、县（市）人民政府根据上级发出的警报信号，以及本单位准备的预案，启动推进应对重污染天气工作，同时也从本区域的实际状况考虑，制定并采取符合当地的应急行动方案。

在沈阳市生态环境预警管理工作中，除有关部门介入以外还有专业委员会的参与，由沈阳市生态环境局负责成立重污染天气响应专项专家委员会，为重污染天气响应提出政策意见和提供科技支持，为重污染天气的预警标准、监测手段、行动方案等提供了可依照的参考。

（2）专项行动开展情况。一是水污染预警。沈阳市为实施城市水质环境质量改善的行动方案，设立了对水环境污染情况巡查交办整改以及对流域断面质量问题综合评价两方面制度，并指导区、县开展环境巡查问题整治，同时针对流域断面质量问题进行了预警监控和考核通报的制度，及时查找问题，确保断面水质达标，对于系统性治理改善水质有重要作用。二是大气污染预警。沈阳市组织全市各地区、各相关部门全力落实关于大气治理相关方案与政策。同时注重多主体的协同共治，在大气污染与空气质量监测领域，由辽宁生态环境监管中心和沈阳市气象台共享互动，联动会商，适时发出重点控制命令和启动重点污染物天气紧急警报，同时由沈阳市重点污染物天气专项应急指挥机构按照重点污染物天气警报级别决定开展相应程度的应急响应工作。另外，沈阳市印发了《沈阳市重污染天气应急预案》（沈政办发〔2017〕99 号），预案编制内容包括总则、组织单位及其责任、警报预警、应急响应措施、应急准备、附则等 6 部分，明确了重污染天气预案体系构成、指挥机构职责、预警标准、预警启动及解除的条件和程序、信息发布方式、预警分级相应措施及 23 家重点工业企业限产措施等，严格按照该预案规定要求执行重污染天气应急响应措施。

在预警标准部分，生态环境部办公厅于 2018 年 8 月 23 日和 2019 年 7 月 26 日分别印发了《关于推进重污染天气应急预案修订工作的指导意见》（环办大气函〔2018〕875 号）和《关于加强重污染天气应对夯实应急减排措施的指导意见》（环办大气函〔2019〕648 号），两份文件进一步统一了全国预警分级标准，按照国家要求，沈阳市从 2018 年底启动了新一轮重污染天气应急预案修订工作，确定了重污染天气的预警标准。

在大气污染监测方面，沈阳市生态环境监测中心负责的是其中的一项重要内容，其与市气象台进行沟通，并对环境空气质量预报信息进行综合发布。会商结果显示，如果有长期严重污染天气，符合预警启动条件，将上报市应急指挥部，在具备预警启动条件的情况下，由市政府应急指挥部办公室按照会商结论进行了预警审批操作，在预警启动工作流程上，始终坚持科学预警，分类应对的原则，对沈阳市空气质量监测监控系统全面实施统一管理，相关单位认真落实了会商制度，提高了科学分析研判水平。同时按照对重环境污染气象的分类，及时发出预警，并及时采取相应的应急响应举措，快速、有效地处置了多起重环境污染事件。沈阳市专项指挥部办公室依据空气污染等级的不同以及近期的预测，公布预警等级升级、降级和解除预警信号，并依据《沈阳市重污染天气应急预案》以及有关数据资料，适时公布解除警报的消息。

在臭氧污染专项分级管控工作中，沈阳市印发了臭氧污染天气分级管控方案，围绕生态环境承载能力的预警要求开展了数据监测、预判分析、巡查督导等工作，首先充分利用沈阳市重点区域VOC网格化预警管理平台、沈阳环境在线、沈阳市大气复合污染立体监测超级站平台等智能数据平台，对全市臭氧浓度变化情况实时分析研判，当预测不利时，提前发布“大气污染管控特殊行动指令”，明确管控时间、管控区域和管控措施，做到科学调度，及时发布工作提示，同时充分利用技术手段，强化科技监管，利用监测与检测仪器对所覆盖领域进行监管分析。

（3）技术平台建设情况。完成生态环境大数据管理平台搭建并上线运行。生态环境大数据管理平台一是可以进行数据交换和共享。该平台可以将现有的环境质量监测资料进行集成，并搭建一个信息化的监控平台，实现信息的互联和共享。二是能实现污染源实时监测、整合监管系统，及时预测和预警，加强应急环境管理，以增强重大环境事故的处理和处置能力。三是可以利用信息化手段进行环境监测，可以实现多部门同时在线共享环境监测数据，同时参与治理，对环境保护工作进行辅助决策。四是及时运用监测数据进行分析、决策，解决污染源在线监测和环境监测的系统性问题，提高监测的准确性和有效性，提高对突发事件的应急处置能力。沈阳市生态环境局持续推进建设统一的生态环境大数据管理平台工作，依托“沈阳市生态环保110综合管理平台系统集成项目”，全力打造大数据监督管理平台，构建污染源监控体系，采用先进的信息化手段，为生态环境管理提供信息存储、数据对接、事件检测、状态评估及预测等功能，整合现有业务系统资源和数据资源，实现系统间关联性互联互通，数据实现对接，实现与辽宁省生态环境厅、沈阳市气象等多部门信息协同，政策、数据、技术互动，为环保政策制定、检验、评估、修正提供依据。沈阳市基于生态环境大数据中心，为实现监测监管信息的有效融合，借助生态环境质量预警、污染溯源追因、环境容量分析、减排潜力评估、措施效果评估等算法模型，提升生态环境数据开发利用水平，强化污染源监测监管与应急响应联动的信息化支撑，建立"监测—预警—溯源—治理—评估"全链条式智能化治理平台，实现"一数通达全局、一图动态感知、一平台精细监管、一体化运行联动、一屏服务公众"的"五个一"智慧生态新模式，为生态承载力预警机制的建立提供智能化、信息化手段。

3.沈阳市生态环境承载能力预警困境

（1）尚未实现生态环境承载能力全方位综合监测。目前沈阳市生态环境监测系统还无法满足全方位监测预警的需要，现在的预警工作都基于单项或者若干项的系统监测数据，暂未建立以综合的生态环境承载能力预警指标体系为依据的监测系统。在搭建综合性生态环境监测平台，提升监测能力方面，沈阳市目前阶段已建成了生态红线监测平台、土壤环境质量信息化管理平台及环境空气质量发布系统。生态保护红线监管平台是提高生态环境监管信息化水平、开展生态保护红线范围内环境监测的重要手段；该系统能够有效地适应城市土壤环境质量管理工作的规范化要求，提高了城市土壤环境管理工作的水平和效率；大气质量预警系统能实时预测大气质量，进行大气质量预报，并按规定向公众发布全市实时环境空气质量监测数据，供公众参考。但尚未对各生态环境要素数据进行整合，形成生态环境监测大数据库，综合指标体系构建工作有待进一步改进。

（2）纵向历时维度的生态环境承载能力评估缺乏。在现有的指标评价体系中，沈阳市生态环境承载能力评估缺乏长时间序列下的生态环境评价，对历史数据的利用不足，在预警过程中缺少对未来状态的预测，各领域的预警主要是基于历史和现状数据对照，依靠经验发布预警和提出建议，缺乏动态分析视角，由于忽略了生态环境的影响因素分析，造成了对环境承载能力的警示点、预警时间或时间段难以确定，在整体工作当中对预案的制定和执行有负面影响。

（3）沈阳市在全面整合监测数据与协调多部门参与方面仍待改善。沈阳市现在对于生态要素的部分领域数据进行了实时监测，如大气质量、水环境质量断面监测等，但是还没有实现各生态环境要素数据的整合，总体的城市生态环境承载能力预警机制还不够健全，尚未形成全面完整的生态环境监测大数据库，现阶段处在争取达成多部门联动，共建协作治理网络过程中。在构建跨层级、跨部门以及不同生态指标之间的协作管理，在生态环境监测与保护过程中多部门信息共享、共同监管、联合执法等方面有待进一步提升，部门协同、生态环境承载能力预警流程一体化管理的工作机制有待健全和完善。

第四章　沈阳市生态环境承载能力预警机制影响因素

从上一章呈现的沈阳市生态环境承载能力的变动情况、生态环境预警措施以及其中存在的问题来看，本章将结合协同理论的“结构—过程”分析框架，拓展建构含括维度更广的沈阳市生态环境承载能力监测预警“情景—结构—过程”框架，并从情景因素、结构因素以及过程因素三个维度，全面性、系统性地分析沈阳市生态环境承载能力预警机制的影响因素，如此，才能为沈阳市生态环境承载能力监测预警打通“堵点”、消除“痛点”、解决“难点”，从而进一步提出完善沈阳市生态环境承载能力预警机制的有效策略与路径。

第一节　情景因素

一、政策制度

政策制度是关乎生态环境承载能力预警机制完备与否的关键要素之一。建立、健全、创新、完善针对生态环境承载能力预警的行之有效的制度，形成一套能够针对生态环境承载能力事件的不同政策法规体系，从而达到预防和逐步减少超过生态环境承载能力问题发生的目的，无疑是十分必要的。生态承载力预警机制的建设是一项长期的、涉及多元主体的综合性系统工程，因此必须综合运用政治、经济、法律、行政、教育等手段。其中，政策制度的制定和完善更是重中之重，是否有政策制度支撑便成为生态环境承载能力预警机制的重要影响因素，具体可以从政策制度是否规范完备和有无优化完善来进一步分析。

1.政策制度的规范完备

生态环境承载能力预警机制的建设涉及政府、社会组织、社会公众等多个主体，涵盖多个处理环节，是一个复杂的系统性工程。如果没有政策制度的支撑，生态环境承载能力预警机制难免成为暂时性的应急举措，而无法成为长效的监测预警机制。因此，除了需要认识到参与主体、技术、信息等系统要素的影响作用，更要在政策规划和法律制度等方面推动建立生态环境承载能力预警机制，确保生态环境承载能力预警工作能够持久有效开展。

生态环境承载能力预警机制的建设关乎全社会全体公民的切身利益，需要政府、相关社会组织通过经济调节、宣传教育等多种手段进行干预，也需要全社会集思广益，政府主导健全生态环境承载能力预警机制建设领域的法规制度，提供长效机制保障，使经济与生态安全的协调发展在有关法律规章中得到充分体现。如果缺乏政策制度方面的规定和约束，生态环境承载能力预警机制无法可依，甚至环境治理也难以推进，生态环境承载能力预警机制成为一纸空文，无法真正构建并发挥实效。因此，建立符合当地生态环境承载能力预警需求的政策制度体系，有助于从根本上解决环境违法行为屡禁不止、污染反弹不断反复的问题，彻底扭转环境管理中有法不依、执法不严、违法不究的局面，让生态环境承载能力预警机制的运行能够有法可依、有章可循、规范运行。2017 年沈阳市生态环境承载能力指数为历年最低，而后呈现出有所上升的态势。其中相关政策制度的保障不可或缺。例如出台的国家《土壤污染防治行动计划》（国发〔2016〕31 号）、《污染地块土壤环境管理办法（试行）》（环保部令第 42 号）、《辽宁省土壤污染防治工作方案》（辽政发〔2016〕

58号)等文件要求,沈阳市逐渐建立污染地块名录及其开发利用负面清单,让土地资源环境的管理得以规范运作。如此，在生态环境承载能力预警机制开展时，地方政府有法可依，民众有法保护，生态环境承载能力异常变化会在法律范围内得到充分预测评估，从而选择出最佳预警和应急策略。

2.政策制度的优化完善

政策制度并非是一成不变的，任何一项政策、制度，都是公共权力机关在特定的社会生活背景下为了解决一定的社会现实问题而制定的。如果无法及时地根据社会环境的需求制定和完善既有的政策制度，政策制度的适配性则会日益降低，甚至形同虚设，无疑会使得生态环境承载能力预警机制无法发挥实际效用。政策制度处于开放的系统之中，系统外部环境在经常性的变化发展之中，因此政策制度必须以特定的客观情况及其变化发展为依据，进行适时的修订更新，才能更好地适应社会环境变化的要求，让生态环境承载能力预警机制更具有实效性。

2014年到2017年，沈阳市的环境承载力评价指数呈现下降趋势，2017年至2019年则呈现总体上升，其中政策制度优化起着重要的作用。例如，2017年沈阳市重污染天气应急预案制定实施，使得大气环境承载力预警更加规范化、系统化，这对于提升沈阳市整体的生态环境承载能力十分必要。但是也要认识到不存在一劳永逸的预案准备，预案必须根据社会环境和制定前提的变化进行修改。因此，应根据生态环境中各影响因素的改变对预案进行修改，以保证其可行性和准确性。也就是在政策执行中不断评估政策，掌握生态环境、社会现实的变化，不断修正调整，才能让政策制度始终成为生态环境承载能力预警机制的有力支撑。近年来，沈阳市从政策时效性和制度主体出发进行了一定的政策制度完善。2020年8月17日，《沈阳市重污染天气应急预案（修订）》对已实施的《沈阳市重污染天气应急预案（试行）》进行修编，完善了四级蓝色预警、臭氧污染专项应急响应等措施[①]。并且编制了工业企业的专项预案，确定了限产企业名单。在生态环境承载能力预警机制的运行中，只有保证相关政策制度不断随外部环境优化调整，才能助力生态环境承载能力预警机制的高效运作。

二、宣传教育

宣传保障作为生态环境承载能力预警机制的重要保障，对于提升社会组织和公众的认同感、参与度，提升社会对于生态环境承载能力预警机制工作的积极性和认识程度，逐步形成非正式制度保障具有重要作用。建立完善的公众生态宣传教育机制，丰富公众生态宣传教育途径，如开展宣传活动、明确生态文明载体等，对于全面提高公众生态文明参与度具有重要意义[②]。尤其是在当前环保事件频发的情况下，对环境宣传教育工作进行结构性调整和战略升级，有效、有序开展生态环境宣传教育工作从而更好的适应新时期环境保护工作面临的新形势就显得十分必要[③]。加大资源环境承载能力监测预警的宣传教育和科学普及力度，提升宣传的广度和深度，有助于保障公众知情权、参与权、监督权。具体来看，宣传保障方面的要素具体可以分为宣传内容、宣传对象、宣传途径、宣传形式四个方面。

1.宣传内容

具体内容导向会对宣传效果产生一定的影响。宣传的内容不能大而化之，要紧紧抓住宣传对象的关注点，精细化地选择宣传内容，制作宣传材料。宣传内容全面化、精确化，有助于社会公众加强对政府生态环境承载能力

---

① 沈阳市人民政府办公室关于印发沈阳市重污染天气应急预案（修订）的通知[EB/OL].（2020-08-28）http://sthjj.shenyang.gov.cn/zwgk/fdzdgknr/yjzj/yjcnqk/202205/t20220516_2994744.html.

② 佟玉东，胡宝元．生态辽宁建设中的公众生态宣传教育机制研究[J].辽宁工业大学学报（社会科学版），2015，17（1）：9 － 12.

③ 何家振．试论环境宣传教育结构转型和战略升级[J].中国环境管理，2014，6（2）：1 － 4.

预警机制工作的认识和参与配合。宣传内容要符合一定的要求和标准，第一，全面性。宣传内容既要涉及政府生态环境承载能力预警机制工作内容，又要做好知识普及与教育。在政府工作上，政府既要将自身工作中的相应文件给予依法、及时的公开，让公众能够获得信息，并借助于报纸、广播、电视等大众媒体和微信、微博等新媒体不断公开相关工作内容，让宣传做到全方位、多领域，增强全体市民的生态意识，推进生态环境承载能力预警机制共建共享。第二，精确化。在知识普及与教育上，需要衡量宣传内容，做好生态环境承载能力预警机制的解释、科普，最终落实到个人行动的指导上。例如，能否有针对性地对个人生态意识、生态环境承载能力预警事件预见与应对能力起到辅助和引导作用，也是宣传内容是否能起到助推作用的重要标准。只有如此，才能有助于宣传到位，保障有力。要使宣传效果扩大化，紧跟地方发展实际、社会发展现状，贴近人民日常生活的内容毫无疑问会成为宣传的重要着力点。宣传内容如果能够注重针对性和时效性，在内容上多加打磨、多加创新，就能够更好地增强宣传保障作用。

2.宣传对象

从宣传对象角度来看，宣传能否影响生态环境承载能力预警机制的完善也有赖于定位准确合理的宣传对象。只有对特定对象开展针对性的宣传，才能使宣传活动更加聚焦，从而更好地达到宣传效果。宣传对象的针对性也有助于后期宣传途径和方式的选择。生态环境承载能力预警机制的宣传保障既要做好政府内部的协同宣传，为后续工作奠定良好的沟通协作基础，也要拓展到群众、企业及社会组织范围内，广泛号召，构建起全社会共建共享的治理格局。

3.宣传途径

宣传途径能否广泛拓展关系着宣传的效果及其影响力，要使社会广泛了解、广泛参与、广泛监督，就需要保证宣传途径的广泛性。第一，政府内部宣传途径的广泛性。政府内部会议、报告等多种途径是否构建起良好的宣传沟通，对于政府内部宣传效果具有重要意义。第二，政府对外宣传途径的广泛性。例如省厅政务信息、市委市政府政务信息、省政府门户网站、市局门户网站、工作动态信息、环保微博、微信公众号等各种政府官方渠道的拓展和畅通维护是否到位，决定着社会获取政府官方渠道信息的时效，影响公众的知情权。因此要加强政府部门的宣传工作，完善地方环保网站的建设。第三，社会媒体、社会组织等宣传途径的广泛性。为了增加生态环境承载能力预警工作的公开性和透明度，进一步提高地方广播、电视等媒体的宣传力度无疑是有效方式。具体来看，包括报纸、省市级期刊、省市广电总台等新闻媒体和期刊杂志平台，一方面是发表文章、调研信息、有推广价值经验信息、工作进展，另一方面是利用这些渠道加强对公众的宣传教育，利用电视、广播、报刊、网络等多种媒介手段和多种方式进行广泛宣传。另外，社会组织的宣传渠道也十分重要，社会环保组织往往具有开展生态环境专项活动，发展志愿者组织并组织相关活动的责任。因而进一步促进社会环保组织的发展，使其成为沟通民众和政府的桥梁，有助于激活社会资源，扩大宣传效果和影响力。

4.宣传形式

宣传保障的落实依赖于多样化的形式，创新性且富有教育意义、趣味性的宣传形式，一方面，容易使群众接受，便于推广，另一方面，也有助于宣传效果的持续化和长效性。要结合行业特点，既要做好全面的生态环境承载能力预警机制的宣传教育活动，普及生态环境承载能力预警知识，又要做好对生态环境承载能力预警参与行为的鼓励和引导，通过各种活动的开展，逐步提高社会公众的认识，充分调动公民和社会组织参与和监督的积极性，逐渐形成良好的参与和监督氛围。既要防止过度说教的形式化宣传，又要警惕过度娱乐化的浅层次教育。宣传形式首先要具有日常性。例如纸质化的传单、宣传海报、横幅，以及电子化的网络公开课、新媒体直播、在线访谈等多种形式，能够使社会公众在日常生活中常见常知，形成良好的重视与参与意识。其次，宣传形式要具有一定的传播性。特定的宣传片、视频等形式有助于产生更大的溢出效应，形成全社会共同支持、参与的良好社会风尚。另外，形成某种特定的文化活动有着良好的宣传保障作用。通过利用传统的环境日开展宣传，设置固定的日期或者频率来开展系列志愿活动、案例介绍、宣讲活动等，能够促进观念和意识的生成与品牌宣传的影响力，最终形成当地的特色生态宣传品牌。

沈阳市积极落实《全国环境宣传教育工作纲要（2016—2020）》关于“加强生态文化建设，努力满足公众对生态环境保护的文化需求”“培养中小学生保护生态环境的意识”等要求，积极倡导人与自然和谐相处，推动生态文明理念融入学校教育、家庭教育和社会教育。例如，有关部门开展 2019 年沈阳市绿色成长计划活动，在中小学举办沈阳市青少年自然笔记大赛，在高校举办大学生生态环境保护短视频大赛，并且将活动成果在国际在线辽宁频道和沈阳市生态环境局官方微博进行集中展示。积极开展宣传活动，形式多样，途径丰富，宣传对象广泛，向群众、学生、企业介绍本地生态环境的相关情况，解答环保方面的系列问题，听取群众对生态环境方面的意见、建议，广泛凝聚社会共识，营造出良好生态环境社会氛围，一定程度上为 2018—2019 年沈阳市生态环境承载能力指数的提升提供了重要支撑。因此，继续通过面向社会公众普及各类生态环境承载能力预警知识和防范应对基本技能，有针对性地动员居民群众关注身边各类生态环境承载能力问题，提高生态意识，积极参与生态环境承载能力预警相关工作，切实提高人民参与意识和监督能力，会对整个地区生态环境承载能力预警机制的建立和完善产生积极影响，推动构建全方位参与、多角度监督的良好运作关系。

三、价值理念

1.预警理念

预警理念即未雨绸缪，提前做好各项物资和人力储备、机构建设、职能规划、流程确立等各项工作，以充分的资源有效地保障生态环境安全。预警是生态环境承载能力管理的重要举措，对生态环境承载能力的管理不能只停留在常规管理，必须实现从常规管理向及时预警转变，将管理重心前移。有学者就专门对我国生态环境预警研究进展进行了总结，认为参与生态环境治理工作的主体应当强化基础理论学习，具备较强的生态环境预警理念，理性判断生态安全问题的发展趋势[①]。将政府生态环境治理的重心从“应急”转向“预警”，关注生态环境承载能力超载情况发生之前的管理与应对，积极转变“亡羊补牢”式的延后弥补模式，预测事件的先期征兆，积极预警防范生态环境承载能力超载问题的发生。

预警理念的增强是建立生态环境承载能力预警机制的重要影响因素。预警理念在于居安思危、预防为主、及时预测，并在生态环境承载能力接近阈值时及早发现、及早控制。这不仅能在很大程度上节约社会成本与政府资源，更重要的是避免生态环境难以恢复，影响整个城市生态系统的运作，保证生态环境和社会的稳定。如果没有树立预警理念，对预警信息不予重视，对预警预报反应迟钝，不利于后续举措的开展。预警理念的建立也有利于在全社会营造一种预警氛围，提高预警效率，促进社会力量在生态环境承载能力预警机制中发挥积极作用。只有不断增强预警理念，建立起生态环境承载能力预警机制，才能及时发现可能出现的生态环境承载能力接近阈值的情况，并开启相应预警，有效处置各种生态环境事件，最大

① 范小杉，何萍，徐杰，等．我国生态环境预警研究进展［J］．环境工程技术学报，2020，10（6）：996 － 1006．

限度减少经济损失和生态破坏，维护经济社会和生态环境的稳定和发展。避免由于缺乏预警理念，停滞于传统的滞后性管理，给社会和生态环境造成难以挽回的损失。因此，需要重视预警理念对于生态环境承载能力预警机制的影响。2017年后沈阳市生态环境承载能力的提升便与预警理念的树立具有一定的联系。2017年沈阳市重污染天气应急指挥部办公室进一步完善修编重污染天气应急预案，提升预测能力，提高预报准确度，科学有效应对，及时采取相应措施并落实到位，提高重污染天气的应对能力。这在一定程度上也说明预警理念的增强促进了2017年至2019年沈阳市生态环境承载能力的总体提升。预警理念的建立和提升对于构建生态环境承载能力预警机制无疑是至关重要的。认识到预警理念的重要作用，有利于做好生态环境承载能力预警工作，通过建立健全生态环境承载能力预警机制逐步提升沈阳市的生态环境承载能力。

2.合作理念

生态环境承载能力预警机制的运行不能仅仅依靠单个部门或个体，而是需要各个机关合作共同完成，需要生态环境承载能力预警政府部门提升合作能力，在合作互补中加强横向联系，预警也需要多方主体的有序参与和积极互动。如果缺乏合作理念，既会使得政府部门之间相互推诿、相互竞争，导致资源分散，难以形成治理合力，也会使得企业、社会公众难以参与生态环境承载能力预警机制，政府缺乏与企业、社会公众的广泛合作，治理效率和效能大大降低。有学者在分析环境治理多元共治模式的挑战时，就提出了当前所面临的社会力量参与有效性偏低等问题，并强调了政府、社会、企业等多元主体合作理念的重要性①。因此，合作理念的确立是影响生态环境承载能力预警机制的重要因素。在思想认识层面，要使各个部

① 詹国彬，陈健鹏.走向环境治理的多元共治模式：现实挑战与路径选择[J].政治学研究，2020（2）：65－75，127.

门之间开展合作，围绕共同的生态环境承载能力预警目标，增强政府部门的整体应对能力。

生态环境承载能力预警机制并不单纯由诸多治理主体组成，而是通过法律、行政、信息、宣传、知识、科技等手段，将系统内无序、混乱的要素和各个主体进行协调，使其共同发挥作用，建设维护高效的生态环境承载能力预警机制。通过合作理念的建立，能够推动预警机制充分发挥作用，协调和配置资源，有效地对生态环境承载能力问题进行治理，维护生态环境安全和稳定发展。2014 年以前，在沈阳市人口增长率较低的情况下，资源环境承载力在一定程度上得到提升。然而随着沈阳市社会经济的飞速发展和城镇化进程的推进，沈阳市生态环境承载能力则呈现出 2014 年至 2017 年的持续下降趋势，并且在 2017 年跌至最低。2017 年至 2019 年有所增长，但仍有部分年份下降，说明当前沈阳市生态环境承载能力面临的挑战仍然十分艰巨。如果无法及时地增强合作理念，建立生态环境承载能力预警机制，那么未来沈阳市的生态环境承载能力发展将在很大程度上受到影响。这就要求生态环境承载能力预警机制建立和运行时，必须强化合作理念，尤其是打通政府部门之间、政府部门和企业、社会公众之间的阻隔，发挥合力，让合作理念发挥积极的影响。

四、信息互动

1.信息发布

信息发布环节关系着生态环境承载能力预警监测平台的预警信息以及有关单位的协同会商结果能否顺畅、真实地反馈给相应部门以及社会公众，进而影响生态环境治理的响应速度。有学者专门研究我国环境信息公开对城市生态效率的影响及作用机制，提出在生态环境治理工作中应进一步推动环境信息公开，进而建构现代化生态环境治理体系[①]。2010—2017年间，沈阳市缺乏完善的信息公开工作，在生态环境承载能力呈现下降趋势时，无法进行及时地监测预警，随着经济社会发展，生态环境承载能力逐渐下跌。2018年，为认真贯彻落实《中华人民共和国政府信息公开条例》及《沈阳市政府信息公开清单制度》，按照沈阳市政务公开工作办公室的要求，沈阳市完善并公开环境保护局政府信息公开清单。具体来看，信息发布环节涵盖以下几个影响因素：

（1）信息发布内容。信息作为传递载体，其内容必须保持真实性、科学性、有效性。首先，真实性是指在进行生态环境承载能力预警时，政府部门要坚持实事求是的原则，把最真实的信息进行传递，并适时公布于众。有关部门要把搜集到的预警信息及时地传播到外界，不能因为害怕负面影响而瞒报信息，这不仅损害公众的知情权且反而不利于环境事件的及时解决。预警发生之后，有关部门也要即刻发布预警的详细信息及应对策略，这样才能安抚大众情绪，避免情况进一步恶化，同时可以与广大群众同心协力应对生态环境问题，及时将损害生态环境承载能力的问题进行解决。政府作为重要信息来源，其地位是任何组织无法替代的。如果发布信息不够全面真实，不仅不利于环境事件的解决，反而会降低政府在群众心中的威信。随着互联网的发展，信息传播迅速，倘若政府部门没有将真实全面的信息发布出来，谣言的势头将会越来越猛，所以政府更应该主动、及时发布信息引导舆论。在开展生态环境承载能力预警时，除涉及国家机密的信息，其他的信息公开一定要坚持实事求是的原则，及时将事件真相告知公众。

其次，信息公布的科学性是指信息公布需要按照一定的标准，并经过各部门的沟通认可，形成规范且全面准确的内容表达。反之，信息发布只

---

① 谢云飞，黄和平．环境信息公开对城市生态效率的影响及作用机制[J]. 华东经济管理，2022，36（5）：79 － 88.

是按规定形式化地发布，相关部门并没有就统一公布的信息确立明确的标准，那么各部门公布的信息就容易产生不一致甚至矛盾的地方，进而导致生态环境承载能力预警机制的运作效率降低，公信力减弱。混乱、不一致的内容会让公众难以科学获取到相应的信息，甚至会导致宣传混乱、信息冗杂，不利于社会组织、公众及相关部门的协同治理。在当前信息繁杂的情况下，只有确保信息公布的科学性，才能让协商应对结果与预警信息准确地传达到社会公众，避免在公布环节产生信息不对称，影响生态环境承载能力预警机制的运作。

另外，政府信息发布的有效性也会影响生态环境承载能力预警机制的运作。在日常预警机制运行时，做好日常监测报告、相应情况的应急预案的公布至关重要。一旦发现与实际不符合的情况，只有及时进行修改和完善，让政府信息公布有效，才能保证预警机制顺畅运行。在信息发布时，保证信息的准确性，扩大环境信息的“公开性”和“透明性”，把环境质量状况、污染源污染物排放、污染事故及处置、环境决策的信息全面公开化，有关部门定期公布和提供有关生态环境信息资料，能够使广大公民了解环境资源状况和政府的环境资源管理工作情况，增加公众获取环保信息的途径。当协同决策做出后，合理安排公布的信息内容，保证社会公众及相关部门能够及时根据预警信息和会商结果开展治理行动，有利于避免生态承载力长时期突破阈值给生态环境造成的巨大损害。

2018 年 3 月起，《企业突发环境事件风险分级方法》《企业事业单位突发环境事件应急预案评审工作指南》《行政区域突发环境事件风险评估推荐方法》以及各地应急备案企业名单陆续公示，沈阳市信息公布的内容逐渐丰富。此后 2018—2019 年沈阳市的综合得分指数、资源承载力、环境承载力有所上升，可见信息发布对生态环境承载能力的稳定和提升起着推动作用。

（2）信息发布时效。我国政府信息公开条例指出行政机关应当主动通过政府网站、新闻发布会等方式向公众发布政府信息。虽然依法申请进行公开也是信息公开的方式之一，但这对于生态环境承载能力预警机制运行效率来说明显过于滞后。一方面公众不能及时获取关乎国家稳定和自身生命财产安全的生态环境事件信息，满足不了群众对信息的需求。同时这种滞后性更容易滋生各种谣言，造成社会混乱、政府公信力下降，也不利于政府团结公众力量做好各种应对措施。准确真实的信息有利于稳定公众的恐慌心理，在应对生态环境承载能力预警事件时，政府部门及时主动向公众发布关于预警事件的真实信息，可以使公众及时全面了解事件的动态，也便于政府采取紧急措施时得到公众的理解和支持。

为有效预防、及时控制和消除潜在的环境危害，规范各类突发环境事件的应急处置工作，保障公众健康和环境安全，必须建立、健全生态环境承载能力预警机制。一旦发生环境污染和生态破坏或者其他影响环境承载力的事件，能以最快速度、最高效能有序地实施处理，把危害降到最低点，最大限度减少人员伤亡和财产损失。自 2016 年起，沈阳市环境质量公报信息的公开频率由往年的一年一次调整为一年两次，对于部分重点单位的监测情况公示较少。预警决策信息的发布效率对生态环境承载能力预警机制的建立和运作具有十分重要的影响。这是由于对于生态环境承载能力预警机制而言，信息发布首先要坚持的原则就是时效性，有关部门能够及时向公众发布所监测到的即将发生或者可能发生的生态环境的相关情况，在事件发生之后，将关于事件的时间、地点、危害范围及应对事件采取的进一步措施等相关信息及时发布。指挥中心各单位按照预案履行各自职责，立即组织，预警结束后，首先采取相应措施，宣布风险解除，管理部门会同有关部门对事故原因进行调查并对事故过程进行总结。最后及时通过新闻媒体，向社会公开事件发生发展情况及后续处理情况。一旦确定好预警信息，做出协同决策后，信息发布的效率就直接对后续工作的进一步开展发挥着至关重要的决定作用，即处于关键的发布黄金期，一旦延后或者产生信息不对称的情况，可能会对部门间的协同应对和与公众、社会组织的协同合作产生不利的影响。如果政府在确定预警信息以及做好协商决策后能够快速做出信息发布的举措，无疑会使生态环境承载能力预警机制的效率大大提高。相反，如果信息发布环节效率降低，社会公众、社会组织获取信息的速度便会减慢，影响生态环境承载能力预警机制的高效运作。通过让社会组织、公众等主体更方便、更快捷地了解到生态环境承载能力预警的相关信息，能够进一步激发参与积极性，拓宽参与主体范围，使预警机制更加完善。

2.数据共享

生态环境承载能力预警工作最关键的部分便是相关数据的收集、加工、处理和传输，这直接决定生态环境承载能力的预警效果。生态环境承载能力下降时，相关数据的获取、收集、加工、传递和共享，是迅速做出预警发布并进行应急处理，然后做出响应分级及开展应急处置的前提和基础。搭建多部门协同的环境监测科学数据共享体系，能够及时发现生态环境警情，进而做出及时有效的应对措施[①]。近年来，我国开始在全国范围内建立监测站，并通过网络连接监测站，实现数据资源的交流与共享，作为生态环境承载能力预警的数据基础。通过纵向政府之间以及横向同级政府之间的数据交换，建立起生态环境承载能力数据共享平台，促进不同职能部门之间的协作，提高决策的系统性和科学性。此外，在生态环境承载能力下降后，政府应及时向媒体和公众发布相关数据信息，实现生态环境承载能力信息发布的公开化、透明化，防止公众因信息不对称而感到慌乱，加强预警和应急跟进方面的公众协调与合作。

在水环境保护领域，沈阳市推进重点河流水环境信息管理平台建设。沈阳市生态环境局在水环境自动监控工作方面主要做了以下三个方面工作：一是建设辽宁水质在线 APP 软件。软件基于全省水质自动站、地表水

---

① 刘杰，陈敏敏 . 多部门环境监测科学数据共享体系探讨 [J]. 环境与可持续发展，2014，39（3）：34 – 36.

监测断面建设的移动在线监管平台。系统共收录了沈阳 8 个站点（马虎山、巨流河大桥、于家房、东陵大桥、砂山、兴国桥、蒲河沿、于台），对其进行实时监控，其所在流域包括辽河、浑河、蒲河、细河。统计内容包括站点水质类别分布情况、水质优良比例变化趋势等。二是建设沈阳市污染源在线监控系统。截至 2020 年 2 月，沈阳市污染源自动监控系统实时在线监控排污单位共 363 家，363 家排污单位共建设监控点位 586 个，其中废水监控点位 206 个（197 个常规监控点位、重金属监控点位 9 个）。三是强化监测监控支撑。发挥环境质量监控平台及移动端 APP 的作用，及时发布"监测、监控、执纪、执法"动态信息和预警提醒，精准推送疫情防控工作动态，呈现抗疫前线工作状况。通过对平台上信息进行关联分析，为疫情防控期间全市各地加强对医院、医疗废物定点处置企业、污水处理厂等单位实施有效监管提供了有力的数据支撑。

土壤环境保护工作同样受到政府和社会公众的普遍重视和关注，沈阳市正研究推进土壤环境基础数据库的建立。具体建设内容包括：一是全面梳理、整合基础地理、卫星遥感、地面观测、社会统计等各类资源，构建"天地一体化"沈阳市土壤环境质量资源管理系统。目前正在开展沈阳市土壤环境质量监测网格化建设，完成了土壤环境质量监管业务应用建设方案的编制，筹备建立沈阳市土壤环境质量监管评估体系。二是加强沈阳市土壤环境质量监管服务的升级和创新，建立土壤环境质量综合监管系统，实现对沈阳市土壤环境质量的数字化、定量化、图形化、动态化管理。开展土壤环境质量移动核查、动态监控、项目准入、风险评估等服务，推动我市在土壤环境质量监管过程中资源的高效配置、信息的自由流动和服务的深度融合，形成沈阳市土壤环境质量监管服务体系。

关于建设沈阳市统一的生态环境大数据管理平台工作，2017 年 1 月沈阳市大数据管理局批复了《沈阳市环境信息"十三五"规划》，同年 10 月依据规划和市领导要求，制定了《沈阳市智慧生态环保 110 总体建设方案》，2018 年 11 月沈阳市信息中心批复《沈阳市生态环保 110 综合管理平台系统集成项目招标技术参数及采购建议价格审核表》，完成项目的立项批复。2019 年 2 月完成项目的政府公开招标采购，沈阳市生态环境事务服务与行政执法中心作为甲方组织实施。项目建设内容包括：升级沈阳市空气质量监控系统；升级污染源在线监控系统；升级环保应急快速响应系统；升级生态环保大数据系统；信息化工程监理服务。项目建设目的是采用先进的信息化手段，为生态环境管理提供信息存储、数据对接、事件检测、状态评估及预测等功能，以达到节能减排管理和污染源管控、治理的目标，为环保政策制定、检验、评估、修正提供数据依据，并进一步探究环境问题成因的综合性公共服务平台。项目有利于整合现有环境数据、感知信息数据传输网络，建立数据信息化监管平台，实现环境数据的互联互通，实现数据信息共享；有利于使用信息化工具自动监管，为政府提供环保工作的辅助决策；单点采集多点利用，实现泛环保部门和单位对监测数据进行共享；有利于及时利用监测数据进行分析决策，解决污染源在线、环境监测的系统分割状态，提供监管部门及被监管企业的数据互动能力，使监管更加准确、有效，增强对紧急事件的应急处理能力。

构建天空地一体的监测技术体系和统一、开放的生态环境监测大数据平台，全面推进监测数据互联共享，用好用活生态环境承载能力监测“大数据”，健全生态环境数据共享机制，破除数据壁垒，是完善沈阳市生态环境承载能力预警机制的关键一环。健全的数据共享机制在生态环境承载能力下降初期，能够将各领域数据进行汇总分析，生成评估结果，进而根据预警等级标准确定预警级别，为预警信息发布和政府决策提供数据依据，以便社会迅速做出反应，避免治理过程中时间的浪费和时机的错失。监测数据做到互联共享的同时，也要坚持保真原则，加快完善和统一数据监测标准规范，加强数据质量监督管理，坚决惩治监测数据弄虚作假行为，严守生态环境承载能力监测数据质量“生命线”。

第二节　结构因素

一、政府主体

生态环境承载能力预警是个牵扯甚广、涉及多个职能部门的系统性工程，相关职能部门能否协同合作，是政府能否做好生态环境承载能力预警监测、分析决策、信息发布等工作的重要影响因素。明确政府以及各个利益相关者在生态环境治理中的责任，有助于相关部门在生态环境承载能力提升的进程中各司其职，促进预警机制的进一步完善[①]。相关职能部门具体包括环境监测中心站、生态环境局、政府宣传部门、工业和信息化局、城乡建设局、财政局、城市管理行政执法局、交通运输局等。

在生态环境承载能力预警部门协同过程中，环境监测中心站作为技术平台应负责本地区环境质量监测、污染源监测、服务性监测和科研性监测工作；在监测工作的基础上，生态环境局应急处组织本地区生态环境质量状况进行调查评估、预测预警，组织建设和管理生态环境监测网和信息网，建立和实行生态环境质量公告制度，组织发布全市生态环境综合性报告和重大生态环境信息；在做出预警决策后，宣传部门要负责组织、协调媒体做好生态环境承载能力预警信息发布和新闻报道工作，广泛宣传建议性减排措施，提醒公众做好健康防护，适时以新闻发布会等形式进行信息发布，及时发布应急措施落实情况的动态工作信息，并做好舆情监控及媒体信息研判；由于工业污染是造成生态环境恶化的主要原因，工业和信息化局应配合市生态环境部门对重点企业进行监管，确定重污染时间段应急限产工业源清单并及时更新；此外，财政局要为本地区生态环境问题预防、应对、处置和相关部门应急能力建设、应急物资储备等提供经费保障。在多个职

① 荣弛．沈阳市环境治理问题及对策研究[D]．大连：东北财经大学，2014.

能部门的相互配合下，生态环境承载能力从数据监测、等级评估、预警决策、信息发布、具体治理到相关保障，所有步骤都能有条不紊地进行，有利于有效应对环境问题、保障居民健康，如果在生态环境承载能力预警过程中，不同部门各自为政、不相互合作，就会导致工作流程难以衔接，可能出现生态环境问题发现不及时、等级评估不准确、预警信息发布不及时、治理措施滞后或相关保障难以保证等问题，拖延生态环境治理的宝贵时间，不利于本地区生态保护。

目前，沈阳市在重污染天气预警以及应急响应方面的工作卓有成效，除上述相关职能部门，还成立了市重污染天气专项应急指挥部，负责重污染天气监测预警和应急协调工作，负责全市重污染天气预警信息的发布与解除工作，为有关部门提供预警信息内容，组织开展重污染天气应急演练、培训、宣传等工作。

生态环境承载能力预警是个综合性机制，不仅包括重污染天气预警，还包括水资源预警、土地资源预警、森林覆盖率预警、固体废弃物预警等多方面内容，但是沈阳市对重污染天气预警以外的相关预警体系尚不完善，未来能否在整个生态环境领域建立起系统性的生态环境承载能力预警网络，保证环境监测中心站、生态环境局、政府宣传部门、工业和信息化局、城乡建设局、财政局、城市管理行政执法局、交通运输局等相关职能部门协同合作，对于沈阳市建立生态环境承载能力预警机制至关重要。

二、市场主体

工业污染是造成生态环境恶化的重要原因，工业废气、废水、固体废弃物等工业垃圾的排放导致空气污染、水污染、土壤污染等多种环境污染问题，企业对资源、能源的低效率使用和浪费也会造成资源短缺，环境污染、资源短缺共同作用于生态环境，导致生态环境承载能力下降甚至出现危机，因此，企业属于生态环境承载能力下降的内部因素。市场的激励机制在一定程度上能够提高企业的参与治理水平，但是政府成本较高，基于自觉的承诺机制可以较低成本实现企业参与治理的帕累托最优[①]。因此，相关企业应该在自觉服从政府环境规制要求的前提下，积极创新自我管理方式进行自我规制[②]，承担起生态环境承载能力预警方面的相关责任。

首先，在生态环境承载能力预警的过程中，企业如果能按规定定期、主动公布本企业在生产过程中的能耗数据、污染排放数据等重要信息并确保其真实性，自觉接受政府和公众的监督，积极加入数据共享平台，配合政府在生态环境承载能力评估和预警过程中的信息收集工作，那么将会为生态预警奠定坚实的数据基础；其次，政府在发布生态环境承载能力预警并对企业生产进行监管规制时，企业配合政府部门的监管、执法和责令整改等措施，依规定实施整治方案、缴纳排污费等，在工业生产过程中减少污染物的排放，同样会降低工业污染对环境的伤害；最后，在发展过程中加大科技投入，努力攻克环保技术瓶颈，运用高新技术提高资源、能源利用效率，改善能源结构，使用新能源或清洁能源，降低污染，也是企业参与生态环境承载能力预警机制完善的重要路径。

目前，沈阳市的企业在接受政府监管、配合政府进行整改等方面较为自觉，在发展环保技术、降低污染能耗等方面的积极性有待提升，除此之外，沈阳市还没有政府、企业之间的数据共享平台，在数据汇报方面存在不及时、不全面的问题，未来，沈阳市可以尝试建立政府、企业两方的数据交流平台，保证企业能耗数据和污染排放数据能够及时更新，为生态环境承载能力的评估和预警提供真实、及时的数据信息。

三、社会主体

社会组织作为政府与公民及其他主体之间的中介，为公民参与公共

① 滕敏敏，韩传峰．区域环境治理的企业参与机制研究 [J]. 上海管理科学，2014，36（2）：6 － 8.

② 王帆宇．生态环境合作治理：生发逻辑、主体权责和实现机制 [J]. 中国矿业大学学报（社会科学版），2021，23（3）：98 － 111.

事务治理提供了平台或组织。为了有效解决社会问题，社会组织可以收集公民的诉求和意见，同时整合社会各方的资源，向政府相关部门建言献策，促进公共利益最大化。在政府简政放权、购买服务的背景下，社会组织也要迅速成长起来，逐渐参与社会问题的治理，在社会治理中逐渐发挥重要作用。加大对社会组织的扶持力度，加快推动环保社会组织的发展，鼓励社会组织积极参与生态环境治理[①]，建立健全符合实际情况的社会组织参与协商机制，有利于弥补政府生态环境承载能力监测预警力量单一的不足，形成生态环境治理合力，能够有效提升政府治理环境和提供服务的能力，降低监测预警机制的成本，为生态环境治理工作提供保障[②]。

生态环境承载能力涉及经济发展情况、各类型污染情况以及资源情况，是个系统性概念，仅仅依靠政府这一单一主体对生态环境承载能力进行监测和预警难免会造成成本上升、人员不足、效率低下等问题，不利于监测预警机制的长远发展。因此，社会组织作为社会力量加入生态环境承载能力预警监测工作就有必要性和合理性。在生态环境承载能力预警领域，应积极探索社会组织自发、主动监测环境承载力和资源承载力的模式，扶持相关社会组织发展，承接生态环境承载能力监测工作，在保证监测结果客观、公正的前提下，推动生态环境承载能力监测预警的社会化，促进行政权力下放，缓解政府工作压力，减少政府行政支出。此外，政府也应建立相应的监督、检查机制，对社会组织的监测信息进行真实性、有效性评估，防止社会组织在监测预警过程中发生数据造假情况。

目前，世界上许多国家都已经将社会组织作为重要社会力量纳入到生态环境承载能力预警机制中来，中央也提出培育环境治理和生态保护市场主体，采取鼓励发展节能环保产业的体制机制和政策措施，废止妨

---

① 刘鹏．环保社会组织参与生态环境保护的现实路径[J]．行政与法，2019（9）：91 － 96.

② 李景如．社会组织参与生态环境治理机制研究[J]．智库时代，2019（16）：8 － 9.

碍形成全国统一市场和公平竞争的规定和做法，鼓励各类投资进入环保市场，能由政府和社会资本合作开展的环境治理和生态保护事务，都可以吸引社会资本参与建设和运营。通过政府购买服务等方式，加大对环境污染第三方治理的支持力度。但在沈阳市生态环境承载能力预警体系中，还未形成有一定规模的生态环保组织和技术组织，但社会组织作为多元化治理中的重要一员，在沈阳也必不可少。未来，沈阳市能否扶持相关社会组织成长，提升社会组织在生态环境承载能力预警方面的专业能力，并拓宽其参与范围，使它们从表面化进入到深层次的治理中，关系到沈阳市生态环境承载能力预警机制能否吸纳社会力量，扎根社会土壤，成为专业化、规模化的机制。

四、社会公众

公众在生态环境保护与治理过程中是中坚力量，公民的观念、行为、偏好以及自觉性、积极性都是相关治理制度能否实施、治理绩效能否实现的基础和保障，某种程度上决定着生态环境发展的方向与进程。生态环境承载能力预警机制的一个重要功能是保障公众健康与生态安全，因此提升公众的环境保护意识、鼓励公众参与生态环境保护至关重要。生态环境承载能力监测预警制度的目的在于通过一种科学的生态环境风险标准体系，规避使资源环境耗竭、环境承载能力下降的经济发展活动，属于生态环境风险规制行为。这种规制模式分为两类：一类是政府出于治理目的，自上而下地对降低生态环境承载能力的因素进行规制；另一类是公民基于趋利避害的本性进行自我规制，提高环保意识和资源节约意识，减少生态破坏和资源浪费行为，这第二类规制对生态环境承载能力的保持来说至关重要。

从我国的实践来看，生态环境承载能力监测预警机制在大气污染领域取得的成果颇为丰硕，我国各省市均建立起了实时、动态的重污染空气污染预警系统，并及时面向公众发布空气污染信息。与普通政府信息不同，生态环境承载能力预警信息与人民生活健康密切相关，且具有突发性、长期性和紧迫性，所以会在短时间内引起公众的高度重视和广泛关注，也会自发对政府的应对措施和处理结果进行追踪和监督。政府在发布生态环境承载能力预警信息时也会发布相应管控措施，指导公众如何在生活中规避风险、保护环境，公众在接收到消息后，出于保护自身以及保证社会长远发展的目的，会较容易地接受政府的规劝与管理，比如自愿采取更加低碳环保的出行方式、减少水资源的浪费，有了社会公众的配合与帮助，政府在解决生态环境承载能力下降等问题时会更加游刃有余、事半功倍。

在现实生活中，大部分居民会把时间和精力投入到私人事务上，并认为生态环境承载能力预警是国家与社会的责任，而对此事采取消极态度，只有在触及自身利益或者自身的生存环境时才会有所行动。如果有公民想有效地参与生态预警和治理，就必须了解和掌握必要的信息，但关于生态环境的各种信息资源主要掌握在各级党政机关手中，广大公民所知不多，或无从了解，由于公民掌握的有效信息严重不足，致使其在生态治理活动中只能享有很小的发言权，甚至根本没有发言权。个人意愿不足、信息不对称等因素都成为公民参与生态治理的阻碍。预警信息的及时发布有利于使公众从正规渠道获得真实信息，提高公众的风险意识，避免因信息不对称引起慌乱。在信息公开方面，我国制定了《政府信息公开条例》和《环境信息公开办法》，规定公众有权按规定获取生态环境风险方面的信息。根据沈阳市生态环境局2021年度政府网站工作年度报表来看，在与公众进行互动交流、接收群众留言方面，沈阳市生态环境局使用统一的留言平台，畅通公众表达渠道，在2021年共收到群众留言188条，办结留言数量188条，均为公开答复，且平均办理时间为五天，效率较高，可见沈阳市生态环境局非常重视公众的意见反馈。在建议的征集调查方面，沈阳市生态环境局在2021年共开展10期，收到建议数量为6，在与群众在线访谈方面，沈阳市2021年共举办5期访谈，但网民留言数量为0，可见政府对于公众参与和民意调查较为重视，但是部分公众对生态环境承载能力关注度不高。有学者指出沈阳市在生态文明建设进程中存在公众生态文明建设参与度不够高的问题，调动社会公众的参与将是沈阳市生态环境保护工作的重要努力方向[①]。

沈阳市部分公民对生态环境承载能力较为关注，通过线上线下多种渠道积极向沈阳市生态环境局建言献策，沈阳市生态环境局对此特别重视并做出详细答复。比如有公民建议，沈阳市应按照生态环境部指导意见，结合沈阳市的实际情况，区别不同的行业企业，组织制定更加符合企业实际的应急减排措施；同时，明确燃煤电厂和燃煤锅炉在不同重污染天气预警级别时的最高排放指标，启动预警时，按指标浓度进行排放，从而有效应对重污染天气。还有公民提出“加快建设沈阳市生态环境大数据平台”的建议，沈阳市予以采纳，并表示将会建立政府与社会协同监督机制，对超载地区、临界超载地区进行预警提醒，督促相关地区转变发展方式，降低资源环境压力。超载地区要根据超载状况和超载成因，因地制宜制定治理规划，明确资源环境达标任务的时间表和路线图。开展超载地区限制性措施落实情况监督考核和责任追究，对限制性措施落实不力、资源环境持续恶化地区的政府和企业等，建立信用记录，依法依规严肃追责。开展资源环境承载能力监测预警评价、超载地区资源环境治理等，要主动接受社会监督，发挥媒体、公益组织和志愿者作用，鼓励公众举报资源环境破坏行为。加大资源环境承载能力监测预警的宣传教育和科学普及力度，保障公众知情权、参与权、监督权。

沈阳市如果能加大生态文明建设和体制改革宣传力度，统筹安排、正确解读生态文明各项制度的内涵和改革方向，加大生态环境承载能力监测预警的宣传教育和科学普及力度，提高生态文明意识，倡导绿色生活方式，

① 张丹，漆昌彬，苗耀辉．沈阳市生态文明建设的现状及路径研究 [J]. 长春师范大学学报，2020，39（6）：168 － 170.

形成崇尚生态文明、推进生态文明建设和体制改革的良好氛围，同时健全环境信息公开制度，全面推进大气和水等环境信息公开，及时发布生态环境承载能力预警信息，让公众较早获取生态环境风险信息，借助于生态环境承载能力预警自带的紧迫性，以提升公众的生态环境承载能力风险意识，指导公众提高保护环境、节约资源的意识以规避生态风险，逐渐形成预警信息发布后公众积极主动采取应急措施的治理模式，完善公众参与制度，建立生态环境保护网络举报平台和举报制度，健全举报、听证、舆论监督等制度，鼓励公众举报资源环境破坏行为，保障公众知情权、参与权、监督权，有利于形成政府规制模式与公众自我规避模式间的逻辑互动，助力沈阳市生态环境承载能力预警机制的长足发展。

第三节　过程因素

一、技术支持

科学技术是通过研究和利用客观事物普遍存在的规律，达到特定目的的方法和手段。生态环境承载能力预警机制需要技术的支撑，技术的先进性、有效性能够决定在生态环境承载能力接近阈值时能否及时监测并触发预警信息，还需要进一步发展和更新。具体技术攻关发展方向涉及以下几个方面：

1.环境监测技术的发展情况

环境监测的目的是准确、及时、全面地反映环境质量现状及发展趋势，为环境管理、污染源控制、环境规划等提供科学依据。加强监测技术与信息技术相结合，推进监测数据的分析与应用工作，完善其对环境问题反映及生态预警功能[①]，是提高生态环境承载能力水平进而完善其预警机制的科学保证。发展现代环境监测，应该注重实现手工采样、实验室分析向自动监测系统监测的转变，发展从无机污染物向有机污染物监测，从化学分析向仪器分析，从单一监测分析技术向多种监测分析技术联用的环境监测技术。以发展突发性污染事故监测技术、污染源在线监测技术、生态监测技术为核心内容，不断提高与完善环境监测能力，以适应社会发展与环境管理的需求。

生态环境承载能力预警监测包括很多方面的内容，涉及化学、物理、生物等多个学科，为了做好监测预警工作，研发、引进先进的环境监测技术、联合监测技术、污染源分析技术等相关技术非常重要，关系着监测预警工作的准确性与有效性。政府能否重视生态环境承载能力监测预警技术，是否愿意为监测预警技术的发展提供资金支持，是否重视预警监测专业人才的培养与开发，对生态环境承载能力预警监测技术的发展以及预警机制的完善至关重要。只有在先进技术和高精尖设备的支持下，监测预警部门才能更精确、更迅速地发现异常、做出分析、并为预警决策和等级划分提供数据支持。

沈阳市为打好蓝天保卫战，依托抗霾攻坚行动，加大投入完善大气污染防治技术支撑体系建设，截至 2018 年 10 月建成了以 1 个环境空气质量监测预警中心和 1 个大气复合污染立体监测超级站为核心，以 3 个边界雷达站、4 个 VOCs 站为节点，以 25 个空气质量常规站为基础，100 个微型站为辅助的沈阳市“2+3+4+25+100”全方位、精细化立体监测预警体系。

沈阳市立体监测预警体系涵盖了 NAQPMS、CMAQ 等四个国内主流空气质量数值预报模型及多个统计预报模型。其具备先进的气象条件分析、空气实况分析、污染溯源分析、预报会商及评估、应急评估分析等功能，

① 张怡.浅谈环境监测在生态环境保护中的作用及发展对策[J].化工管理，2020(24)：66－67.

可实现空气质量精细化监测、气象条件多维度观测、空气污染传输分析、重污染过程原因分析、臭氧前体物溯源分析等功能，能够为沈阳市科学治霾、精准治霾、有效治霾提供有力的技术支撑，为沈阳市大气污染防治工作提供了精确的数据。

沈阳市为了进一步改善地表水环境质量，根据省生态环境厅《关于下达"十四五"及2021年水生态环境指标和地表水考核断面水质目标的通知》等文件要求，并结合本市实际，确定2021年主要支流河出区断面水质考核目标：施行月例行监测和预警监测相结合的方式，按国家规定的21项指标评定水质类别。其中，国控断面采用国家采测分离监测数据；其他断面采用辽宁省沈阳生态环境监测中心监测数据，同时兼顾专业监测机构预警和对比监测数据。

沈阳市近年来注重大气环境和水环境预警监测技术的提升，但针对整个生态环境承载能力的预警监测技术尚无显著成果和进展，未来沈阳市只有加快生态环境承载能力预警监测技术体系的改进与研发，切实提高生态环境承载能力监测预警的时效性和准确性，科学确定生态环境承载能力预警分级标准，突出针对性、可行性和有效性，同时建立专家人才库，组织开展技术交流培训，提升生态环境承载能力监测预警人才队伍专业化水平，才能确保生态环境承载能力监测预警机制高效运转、发挥实效。

2.数据库、云计算等信息技术的发展情况

充分利用现有的创新基础和科研资源，重点围绕调控农业生产方式和改变生态环境资源利用方式等基础研究，跟踪一批前沿技术研发，集中实施一批重大科技专项，攻克一批重点关键技术。规范监测、调查、普查、统计等分类和技术标准，建立分布式数据信息协同服务体系，加强历史数据规范化加工和实时数据标准化采集，健全资源环境承载能力监测数据采集、存储与共享服务体制机制。整合集成各有关部门资源环境承载能力监测数据，建设监测预警数据库，运用云计算、大数据处理及数据融合技术，

实现数据实时共享和动态更新。

3.平台技术的发展情况

基于各有关部门相关单项评价监测预警系统，需要搭建资源环境承载能力监测预警智能分析与动态可视化平台，实现资源环境承载能力的综合监管、动态评估与决策支持。建立资源环境承载能力监测预警政务互动平台，定期向社会发布监测预警信息。这意味着成熟的平台建设技术能够促进智能化分析数据、监管评估、信息发布等多个重要环节，具有重要的支撑作用。沈阳市对于生态环境领域的技术攻关十分重视，高新技术的运用对于沈阳市生态环境承载能力的稳步提升和预警机制建立具有支撑作用。2019年，沈阳市生态环境局组织召开了沈阳市生态保护红线监管平台建设项目专家评审会，由7位全国、省内知名专家组成的专家组对项目情况进行充分论证，项目充分利用卫星遥感、无人机、在线监控、移动端APP等多种技术手段，并按照专家组提出的意见和建议对项目进行完善，形成了空天地一体化、市县多层级的生态保护红线动态监管网络。

二、人才保障

人才队伍的建设作为生态环境承载能力预警机制必要的技术保障是十分重要的，并且具有长效化的深远影响。高素质的人才队伍有助于推进技术的研发与创新，进而保证预警机制的科学高效运作。具体来看，可以从人才培养与引进、技术合作两大方面进行分析。

1.人才培养与引进力度

加强生态环境承载能力预警机制的建设，关键在于相关专业人才的培养，但现阶段生态环境方面的人才相对匮乏，给生态环境的治理带来了巨大挑战和压力。因此，人才的培养和引进十分关键，具体涉及以下几个方面。一是本地人才的利用率。要借助于本土高校和科研机构力量，利用其自主权和高水平的学术力量培养高层次和高技能人才，统筹推进大学科技园、工程技术研究中心、院士工作站、科技企业孵化器等科技创新平台建设，大力实施青年人才工程、学术技术带头人培养等重点人才工程，加大创业人才扶持力度，加强知识产权保护和运用，建立知识、技术和管理等要素参与收益分配等多种收益分配方式，充分激发各类人才的创造活力。二是人才政策与人才机制的吸引力。首先是人才政策的吸引性。只有具备创新的人才政策，完善的人才机制，搭建起专业平台，才可能吸引国内外生态安全建设领域优秀人才前来就业和创业，进而充分发挥专家的兵团作战能力，通过实施一系列大项目、大工程推进生态环境承载能力预警机制的发展、更新进程。其次是人才资源的储备程度。通过建立专业人才信息库，有利于为合理选拔人才和使用人才提供基础数据。另外，创新人才评价流动机制也有助于打破人才培养和使用条块分割的枷锁，进而推动实现政府与社会组织的良性互动。

2.技术合作

大学、科研机构作为技术创新主体在生态环境承载能力预警机制中具有以下几个功能：第一，为地方技术发展提供动力。作为区域内的地方性大学和科研机构在专业设置和研究院所设置方面都应和区域特点有所结合，研究领域、研究方向也要依托区域发展，和区域特色相结合。第二，教育和培训功能。在可持续发展系统中需要大量的高层次创新人才形成区域的创新人才基础。而这部分人才除了一部分由企业或大学引进之外，更多的是靠自身培养。另外，无论是技术人才还是普通工人都需要定期进行培训，以便掌握或了解更先进的理论和技术。第三，创新功能。高校、科研机构作为高层次人才的聚集地，有创新的知识基础和创新的环境，作为知识创新主体应该更好地为政府提供创新成果，在促进技术创新和科技成果转化方面发挥重要的协助作用。高校、科研机构应综合多学科优势力量，建立专家人才库，组织开展技术交流培训，提升资源环境承载能力监测预警人才队伍专业化水平。沈阳市加强与高校和科研机构合作，积极把相关科研成果运用到全市生态安全建设实践中来，与中国科学院沈阳生态研究所、沈阳农业大学、沈阳宇洁环境咨询公司等多个机构专家合作，对沈阳市环科院主持编制的《沈阳市环境总体规划（2017—2035）》进行评审，指导沈阳市生态环境建设实践。

三、资金资源

资金的保障对于生态环境承载能力预警机制的建立和运作会产生一定的影响，最根本的是影响监测平台、预警系统等技术平台的运作与技术更新的支持力度。只有充足的资金保障和支持，才能提升监测预报能力，完善预警信息，发挥预警信息的作用，加快预警信息的发布与传播，为决策提供良好的支持。同时，资金充足，能够为政府和企业的生态环境治理工作提供收益空间，最终达成提高企业主动选择积极环境行为可能性的目标[①]。资金保障的重要性体现在维持监测预警系统运转和加大创新技术投入等方面。

1.运转经费

运转经费保障是指生态环境承载能力监测预警的经费保障。建立生态环境承载能力监测预警经费保障机制，能够确保资源环境承载能力监测预警机制高效运转、发挥实效。具体来看，经费的保障涉及经费投入、经费管理、经费监督等要素。一是经费投入。通过足额、及时的资金拨付，能够建立保障机制，提高经费保障水平。按照职责分工积极落实经费保障，各级人民政府按照经费分担责任足额落实应承担的资金，能够确保及时足额拨付到位。二是经费管理。这是用以判断是否能够加强经费管理，提升

① 王书平，宋旋．京津冀生态环境协同治理机制设计[J]. 经营与管理，2021（3）：147 - 150.

经费管理水平，规范财务管理，创新管理理念，将绩效预算贯穿经费使用管理全过程，切实提高经费使用效益。坚持项目经费求实问效，立足工作实际。加强支出管理，提高资金使用效益，定期不定期对专项经费等资金使用管理情况进行监督检查，督促加强单位财务和资金使用管理，进行经费保障绩效考核，督促单位完善内控制度，努力降低成本，严格执行财经纪律，合理使用资金，提高资金使用效率。三是经费监督。作为重要的政府财政支出，为加强经费使用监管，一方面要对资金使用严加监督检查，另一方面各级人民政府要加大信息公开力度，并向社会公布，接受社会监督。严格、公开透明的经费监督有助于资金的规范化使用，做到专款专用、善用，发挥资金的保障作用。

2.创新资本

加大地方创新资本的投入对于为生态环境承载能力预警机制储备资源和蓄积技术具有重要意义。具体来看，创新资本的投入主要涉及研发投入、人才投入和基础设施投入。第一是研发投入。开展生态承载力预警相关方面的技术研发和攻关工作，亟待政府针对性的研发投入，有助于形成良好的创新技术，助推预警机制的完善。第二是人才投入。地方政府加大对创新人才培养引进，自然会使人才投入增多。另外，针对专业人才的相应政策补贴与支持，也是人才支持的重要内容。这都有助于增强生态环境承载能力预警机制的技术保障与人才力量。第三是基础设施投入。积极建设创新基础设施，形成良好的区域创新环境，对于招才引智具有重要的吸引作用，对生态环境承载能力预警机制的完善具有长效作用。政府通过对环境专项资金的投入、环保科研的投入，有助于促进区域环境质量监测预警技术的提升和完善，为社会生态发展提供抓手和指导。根据实证分析结果可以得出，2017 年沈阳市经济发展力水平最低，2017—2019 年沈阳市经济发展力水平上升，到 2019 年的经济发展力指数与 2014 年基本相持平。通过查找 2017—2019 年沈阳市环境保护局的部门决算数据可以得出，2017

年科技支出达到579.44万元，其中应用研究支出为110.79万元；2018年科学技术支出削减为333.78万元，其中应用研究支出降为1.78万元，与资源承载力呈现下降趋势一致；2019年科学技术支出则增加为1276.44万元，为2018年的近四倍。充足的资金能够有力地保障资源环境承载力稳步提升，也是影响生态环境承载能力预警机制建设和维护的重要因素。

四、管理弹性

1.管控措施制定

生态环境承载能力预警发布后，为缓解生态破坏、资源浪费等问题，保障人民生命财产安全，制定、采取恰当的管控措施至关重要。管控措施是指在相应的预警阶段，为削弱生态风险增长趋势而采取的措施。管控措施的逻辑是通过预警后的监管控制，纠正社会运行中的异常秩序，避免造成人员和财产损失。目前，生态环境承载能力预警管控措施大致可以分为三类，第一类是指导型措施，主要包括提出建议、指导、劝告等非强制性的措施，此类措施旨在引导公众重视生态环境问题，并自发主动减少环境污染行为和资源浪费行为，以减缓生态环境承载能力下降趋势，或者是帮助身处于环境预警状态下的公众提高风险规避能力。如沈阳市在发布大气污染预警后，会提醒儿童老人孕妇和呼吸道、心脑血管疾病患者等免疫力低下的易感人群留在室内，避免户外运动；建议广大市民尽量乘坐公共交通出行；建议广大市民尽量减少能源消耗，夏季适当调高、冬季适当调低空调温度1–2℃等。第二类是保障型措施，旨在保障公民在生态环境承载能力下降、污染严重、资源短缺时的基本生活，现场将公众转移到安全地区、实施医疗救援、调控稳定物价等。第三类是管制型措施，是生态环境承载能力预警后最为严格的行政措施，旨在减少人类污染环境、浪费资源给生态环境所带来的不利影响，如沈阳市在重污染天气预警状态下，组织相关单位落实应急减排措施清单中的预警措施，并加强督导检查，确保减排措施执行到位，加强对违反规定上路行驶的重、中型货车，冒黑烟车辆，超标车辆及沿途撒漏的运输车辆等执法检查；钢铁、焦化、有色金属、电力、化工、煤炭、玻璃等重点行业涉及大宗原材料及产品运输企业按照“工业源减排清单”中的预警车辆运输减排要求执行；矿山、砂石料厂、石材厂、石板厂等应停止露天作业；严禁秸秆焚烧和露天垃圾焚烧，严控烟花爆竹燃放；加大对露天烧烤、餐饮油烟、露天打磨的执法检查力度等。

我国主要提倡实施生态环境承载能力差异化管控措施，在划定并严格保护生态保护红线的基础上，对不同生态功能区进行评估预警，并据此采取差异化管控措施。一是依据不同的生态承载能力结果，采取差异化的生态压力减缓措施。对生态超载地区，尤其是一些生态承载能力极低的生态脆弱敏感区，应加快实施降低区域生态压力的措施，必要时实施生态移民；对临界超载地区，则可通过合理疏解人口，减缓区域生态压力。差异化的生态压力减缓措施需要通过必要的规划手段予以安排，将生态承载能力监测预警评价结论纳入区域发展规划和空间规划，科学确定差异化开发强度和用途管制要求。二是依据不同的生态承载能力结果，采取差异化的生态修复措施。对生态超载地区，需制定限期生态修复方案，对一些生态系统严重退化地区实行封禁管理，促进生态系统自然修复；对临界超载地区，则应科学实施山水林田湖系统修复治理，遏制生态系统退化趋势。三是依据不同的生态承载能力结果，采取差异化的生态监管措施。对生态超载地区，要求实行更严格的定期精准巡查制度，严控各类超载行为的发生发展；对临界超载地区，则要求加强预防预警，加密生态功能退化风险区域监测，避免其恶化并超载。

目前，沈阳市已建立起完善的重污染天气应急预案，针对大气污染程度划分预警等级，在预警等级的基础上采取相应措施，但针对生态环境承载能力，沈阳市并没有一个系统、完整的预警等级划分标准和应急预案，未来能否在重度污染天气应急预案的基础上，建立起全市生态环境承载能力预警等级体系和应急预案，关系着沈阳市生态环境承载能力预警机制能否发挥实际作用，切实缓解沈阳市生态环境承载压力。

2.预警等级评估

预警等级评估是生态环境承载能力预警机制的重要内容，是决定政府是否发布预警、发布几级预警的重要标准。2015年9月，国务院印发的《生态文明体制改革总体方案》中要求树立空间均衡的理念，把握人口、经济、资源环境的平衡点推动发展，人口规模、产业结构、增长速度不能超出当地生态环境承载能力，同时提出建立资源环境承载能力监测预警机制，研究制定资源环境承载能力监测预警指标体系和技术方法，建立资源环境监测预警数据库和信息技术平台，定期编制资源环境承载能力监测预警报告，对资源消耗和环境容量超过或接近承载能力的地区，实行预警提醒和限制性措施。

首先，生态环境承载能力监测预警等级评估是对各项数据是否达到各级预警条件的评估。生态环境承载能力预警级别的评估以监测到的环境、资源、社会经济等方面的综合数据以及数据变化趋势为基础，以提前确定的预警等级指标为标准，辅以评估数据变化可能造成的生态危害大小、可能威胁的人口数量、可能造成的财产损失等情况，进行预警级别的确定。其次，生态环境承载能力监测预警评估是对预警信息能否对外公开的评估。一方面生态环境承载能力预警级别的发布关涉人身安全和财产安全等重大问题，政府有义务向社会公众发布预警信息，指导公众规避生态风险；另一方面生态环境承载能力预警信息的发布与社会稳定密切相关，政府要确保发布的预警信息客观真实，不正确的评估和引导可能引发社会恐慌。

国务院办公厅2017年印发的《关于建立资源环境承载能力监测预警长效机制的若干意见》将资源环境承载能力分为超载、临界超载、不超载三个等级，根据资源环境损耗加剧与趋缓程度，进一步将超载等级分为红色和橙色两个预警等级、临界超载等级分为黄色和蓝色两个预警等级、不超载等级确定为绿色无警等级，预警等级从高到低依次为红色、橙色、黄色、蓝色、绿色。对红色预警区、绿色无警区以及资源环境承载能力预警等级降低或者提高的地区，分别实行对应的综合奖惩措施；对从临界超载恶化为超载的地区，参照红色预警区综合配套措施进行处理；对从不超载恶化为临界超载的地区，参照超载地区水资源、土地资源、环境、生态、海域等单项管控措施酌情进行处理，必要时可参照红色预警区综合配套措施进行处理；对从超载转变为临界超载或者从临界超载转变为不超载的地区，实施不同程度的奖励性措施。沈阳市针对空气污染变化情况也制定了相应的预警等级标准体系，由低到高依次为黄色预警（Ⅲ级）、橙色预警（Ⅱ级）、红色预警（Ⅰ级），当预测 AQI 日均值 >200 将持续 1 天，随空气质量预报信息发布健康防护提示性信息，但是针对整体生态环境承载能力变化情况没有制定相应的预警等级标准体系，缺乏预警信息发布与否的评判标准。

3.预警长效机制

生态环境承载能力预警机制的建设涉及政府、社会组织、社会公众等多个主体，涵盖多个处理环节，是一个复杂的系统性工程。如果没有长效机制的支撑，生态环境承载能力预警机制就会成为暂时性的应急举措，而无法成为长效的监测预警手段。因此，除了需要认识到参与主体、技术、信息等要素的影响作用，更要在法律制度和战略规划等方面建立生态环境承载能力预警的长效机制，确保生态环境承载能力预警的持久有效开展。生态环境承载能力预警长效机制具体来看涉及法规制度、协调机制、政绩考核和责任追究制度等内容。

生态环境承载能力预警机制的建设关乎全社会全体公民的切身利益，需要政府、相关社会组织通过经济调节、宣传教育等多种手段进行干预，也需要全社会集思广益，政府主导健全生态环境承载能力预警机制建设领域的法规制度，提供长效机制保障，使经济与生态安全的协调发展在有关法律规章中得到充分体现。如果缺乏法规制度方面的规定和约束，生态环境承载能力预警机制会无法可依，甚至环境治理也难以推进，生态环境承载能力预警机制成为一纸空文，无法真正构建并发挥实效。因此，建立符合当地生态环境承载能力预警需求的环境保护法律体系，才有助于从根本上解决环境违法行为屡禁不止、污染反弹不断反复的问题，彻底扭转环境管理中有法不依、执法不严、违法不究的局面，让生态环境承载能力预警机制的运行能够有法可依、规范运行。2017 年沈阳市生态环境承载能力指数为历年最低，而后呈现出上升的态势。其中长效机制的保障不可或缺。例如出台的国家《土壤污染防治行动计划》（国发〔2016〕31 号）、《污染地块土壤环境管理办法（试行）》（环保部令第 42 号）、《辽宁省土壤污染防治工作方案》（辽政发〔2016〕58 号）等文件要求，沈阳市逐渐建立污染地块名录及其开发利用负面清单，让土地资源环境的管理得以有法可依、规范运作。

4.预警评价机制

编制实施经济社会发展总体规划、专项规划和区域规划，要依据不同区域的资源环境承载能力监测预警评价结论，科学确定规划目标任务和政策措施，合理调整优化产业规模和布局，引导各类市场主体按照资源环境承载能力谋划发展。编制空间规划，也要先行开展资源环境承载能力评价工作，根据监测预警评价结论，科学划定空间格局、设定空间开发目标任务、设计空间管控措施，并注重开发强度管控和用途管制。因而科学、动态的评价机制是否建立关系着生态环境承载能力预警机制的有效性。一体化监测预警评价机制是否建立对于生态环境承载能力预警机制具有重要意义。运用资源环境承载能力监测预警信息技术平台，应定期组织开展环境承载能力评价，每年对临界超载地区开展一次评价，实时对超载地区开展评价，动态了解和监测预警资源环境承载能力变化情况。资源环境承载能力监测预警综合评价结论，要根据各种评价要素及其权重综合集成得出，并经有关部门共同协商达成一致后对外发布。各单项评价结论要与综合评价结论以及其他相关单项评价结论协同校验后再对外发布。市县级行政区资源环境承载能力监测预警评价结论进行纵向会商、彼此校验，完善指标和阈值设计，准确解析超载成因，科学设计限制性和鼓励性配套措施，增强监测预警的有效性和精准性。建立突发资源环境警情应急协同机制，对重要警情协同监测、快速识别、会商预报。沈阳市自2018年开始进行建设项目环境影响评价公示，评价企业项目建设所带来的主要环境影响及拟采取的减少环境影响的措施。从受理、拟审批、审批决定、“即来即办”审批四个方面公示，加强对涉及生态环境领域的建设项目的评价力度，有利于严格管控，维护生态环境承载能力持续稳定。

第五章 国内外关于生态环境承载能力预警机制的经验做法

第一节 国外生态环境承载能力预警机制经验

生态承载力水平是事关我国城市化发展和人民幸福感的重要衡量指标，建立起一个科学严谨的生态承载力预警机制对于预见和解决我国在城市化过程中出现的生态环境问题具有十分重要的意义和作用。我国当前对于生态承载力预警机制的研究尚存在很大的空间，探索适合沈阳市城市化发展和生态环境现状的生态承载力预警机制，需要借鉴国内外有益经验。美国波特兰大都市区作为世界上最著名的生态城市之一，新加坡作为世界公认的“花园城市”“宜居城市”，其生态环境承载能力预警机制的经验对于沈阳市建立起科学完善的生态环境承载能力预警机制建设具有重要的借鉴意义。

一、美国波特兰大都市区生态环境承载能力预警经验

俄勒冈州位于美国西北部太平洋沿岸，与我国东北地区纬度基本相同，波特兰市作为俄勒冈州最大的城市，在自然条件上与沈阳市基本相似。自20世纪50年代起，俄勒冈州的人口增长速度开始加快，由50年代的150万增长至70年代的210万，在20世纪末，该州人口达到280万。在20世纪60年代到80年代这20多年的时间里，该州的人口增长速度是全国平均速度的2倍。俄勒冈州的大部分新增人口集中定居在威拉米特河谷，

城市的扩张导致该河谷丧失了大量农田和林地，给当地生态环境造成了较大破坏。面对日益严重的生态环境问题，俄勒冈州采取组建强有力的大都市区政府，制定并严格执行综合性生态环境保护规划，形成政府、居民以及各类社会组织协同治理等方式形成有效的生态环境承载能力预警机制，取得了巨大成效。经过多年持续不断的努力，波特兰市于2005年被成功评选为全美十大宜居城市之一；2007年，《旅游与休闲》发布的排名中显示，波特兰市在绿色公园和绿地、环境保护意识、低碳出行方式等方面位居首位。这些成就均与波特兰市的生态环境承载能力预警机制的建设密切关联，其在生态环境承载能力预警机制建设的成功经验也值得我国城市借鉴。

1.成立专门组织协调机构

积极进行政府机构改革、成立专门机构并积极推进生态立法，是俄勒冈州的波特兰大都市区的生态环境治理成效卓著的关键要素之一。波特兰大都市区域政府在1979年1月1日正式成立，其主要目标是为城市和居民提供服务，创造优质的生活条件。作为美国国内唯一直选的大都市区政府，其议会由13个成员组成，其中12个委员分别从12个地区选举产生，而其行政长官在整个大都市区普选。区别于其他州政府官员由地方政府派遣，这意味着大都市区政府的议会和官员都由本地选民通过直接选举产生，实际上代表选民的利益和意愿，因而其权威性更强。波特兰大都市区政府（Metro）是波特兰大都市区内唯一的掌管土地利用、成长管理和交通规划的官方机构，它的主要职责是对辖区内的自然资源利用与保护、绿色公园和绿地建设与保护、交通发展规划、废弃物回收再利用等方面进行规划、执行和监督以及本地区土地信息系统的实时维护。

政府部门强有力的推进能够有效助推大都市区生态环境承载能力预警机制建设，从而不断完善整个大都市区和下属各县的生态环境承载能力预警机制，保证整个大都市区的生态环境承载能力不断提升。1973年制定的《俄勒冈土地利用法》明确了该法的执行机构“土地保护开发委员会”，该机构发布的政策规定具有极强的强制力和权威性。正是这种强制力和权威性才为未来波特兰大都市区政府建设提供了先进经验。作为综合性的大都市区政府，拥有议会和经过选民直接选举产生的政府官员，代表选民的意志，能够制定出覆盖整个辖区的城市生态环境承载能力预警机制规划，并有权力审查下辖地方政府的城市生态环境承载能力预警机制规划是否与整体规划一致，并可以采取强制措施确保其与辖区整体规划一致。

2.制定完善的法律法规

波特兰大都市区政府通过颁布系列规划和规章制度，对区域性的经济社会发展和生态环境保护方面的协同产生了积极影响，对波特兰市生态环境承载能力预警机制建设发挥了重要作用。为了充分体现出对生态环境保护的重视程度，1973 年，俄勒冈州议会制定了《俄勒冈土地利用法》，该法案的实施直接推动俄勒冈州成为美国实施最强有力和最有效的增长管理措施的州之一。

同时，波特兰大都市区政府为守护波特兰城市边缘区的生态环境，还出台了一系列强有力的生态环境保护规划。1973 年，俄勒冈州通过了一系列土地利用规划法，其中包括著名的《波特兰市城市扩展边界》，并在波特兰大都市区政府的严格执行下，使得城市土地面积在三十年中涨幅为 30%，只扩大了 9300hm^2，常住人口则增长了 45%，实际上这也意味着《波特兰市城市扩展边界》成功控制了城市边界扩展。制定《2040 成长概念》，并根据辖区公民、企业、学术机构以及其他非营利性机构提出的意见和建议，富有建设性地提出三种城市发展模式，具体如下：第一种模式是城市直接向外扩张，通过侵占边缘区的自然环境来缓解城市内部的人口压力和经济社会发展阻力；第二种模式是通过严格限制城市扩张，充分运用城市边界以内的现有土地资源实现城市内部增长；第三种模式是向附近城市方向发展，通过与其他城市的合作形成规模效应，在协商与合作中实现发展。波特兰大都市区政府通过借助本地院校提供的城市发展预测模型，从城市的土地资源利用、空气质量、城市绿色空间和绿色经济发展四个方面对上述三个模式进行综合性的分析和比较，最终成功获得“2040成长概念”，即严格控制城市边界扩张面积，重视城市内部以及与其他城市的交通建设，以市中心为核心实现城市内部增长。这说明波特兰大都市区政府敏锐地认识到盲目扩大城市边界，通过侵占城市边缘的自然环境来换取生存空间的做法会降低本地区的生态环境承载能力，进而带来更严峻的生态环境问题。

此外，2016年2月，波特兰大都市区政府在充分广泛收集并吸取社会公众和各社会团体的意见和建议后颁布了《公园和自然系统规划》，规划对自然环境保护与开发、绿色公园和绿地建设、城市绿道进行了明确的规定和分级。波特兰大都市区已经拥有700多个绿地公园，27条绿道，这些绿地公园和绿道为城市净化空气、改善气候发挥了巨大作用，为大都市区构建出一片绿色网络，打造了良好的波特兰城市形象名片[①]。

3.引导社会力量参与环境治理

积极引导社会力量参与生态环境治理能够为生态环境承载能力预警机制的不断完善凝聚起强大合力。波特兰大都市区在面对一系列突破生态环境承载能力而出现的生态环境问题时，积极协同并联动政府、公民、企业以及专业技术人员，于1963年建立了“波特兰大都市区研究委员会”，主要负责制定大都市区的综合性的区域经济社会发展和生态环境保护规划。同时，波特兰大都市区还成立了专业机构，为公民、企业和各类组织机构参与本地区的发展规划提供了条件，有助于提升协同治理能力，比如“哥伦比亚区域政府协会”。1973年，俄勒冈州议会通过强制性的决议，要求

① 小泽．生态城市前沿：美国波特兰成长的挑战和经验［M］．寇永霞，朱力，译．南京：东南大学出版社，2010．

波特兰大都市区的城市和城市化县均须加入“哥伦比亚区域政府协会”，这是当时美国最早的三个拥有强制性权威的政府议事会之一[①]。1992 年 7 月，波特兰大都市区政府颁布了《都市区绿色空间总体规划》，该规划积极鼓励市民、企业和各类社会组织团体参与波特兰市的生态环境保护规划的制定和执行，尤其是生态环境承载能力预警机制方面，强化辖区内市民的主人翁意识，鼓励市民以实际行动参与生态环境保护和监督；在全市范围内规划和建设绿道，鼓励市民步行和自行车出行，或者乘坐环保节能型的公共交通工具，进一步减少私家车的使用以及尾气排放量，倡导低碳出行；在日常生活用品的选择以及日常的环境保护行为中，增强个人的责任感，树立正确的价值观与消费观。社会力量的引入使得波特兰大都市区生态环境承载能力得以进一步提升，生态环境治理成效显著，这也极大地引起波特兰人的自豪感和归属感，增强了市民的环保意识。

拓宽宣传教育渠道，营造全民参与环境治理的良好氛围，能够激发社会力量参与生态环境承载能力预警机制完善的活力，进而形成政府、企业、公民、学术机构和其他非营利性机构的协同治理机制。波特兰大都市区政府通过宣讲会、专家座谈会、公益广告宣传等线上与线下相结合的方式吸引了诸多社会组织、公众等社会力量加入生态环境承载能力提升的队伍，形成了多元力量协同联动合力。宣讲会、专家座谈会等方式既能引起公众的注意，还能将行动规划的相关信息传达给公众，公众也可以通过监督电话、电子邮件等途径随时获取计划的内容和执行进展信息，畅通了公众参与环境治理的渠道，为公众参与提供了便利。

---

① THIERS P，STEPHAN M，GORDON S，et al. Metropolitan eco-regimes and differing state policy environments: Comparing environmental governance in the Portland-Vancouver metropolitan area [J]. Urban affairs review，2018，54（6）: 1019 - 1052.

4.制定综合性生态环保规划

完善的城市生态环境承载能力预警机制建设需要依靠合理的综合性生态环境保护规划和执行。城市生态环境承载能力预警机制建设首先需要具备合理的综合性生态环境保护规划。波特兰大都市区通过制定各类生态环保规划，明确各种污染指标的上限值、公布监督举报电话等方式，为公众和社会组织监督提供了基本的遵循。同时，大都市区政府加强了与下辖地方政府的协同合作，确保下辖地方政府制定的生态环境保护规划必须与大都市区整体生态环境保护规划一致。例如，波特兰大都市区政府提出的《区域 2040》规划，目标是使波特兰大都市区形成新型绿色协调经济模式，其主要内容包括鼓励城市建筑建设集中在交通干线周围，既可以提高城市交通道路和公共交通工具的使用效率，又可以减少城市建设使用的土地资源量；以政府所具有的强制力充分保障城市边界的自然环境和乡村的土地不受城市扩张侵犯；在城市边界内确立永久绿色空间，通过投入 1.35 亿美元保护城市绿地、绿色公园以及绿化带；加强与周边其他城市的协同，通过协同治理方式形成合力来妥善解决共同问题。生态环保领域系列规划的制定，一定程度上使得波特兰大都市区逐渐摆脱了传统的无序扩张发展模式，实现了在经济发展的同时确保城市内部和边界的生态环境得到较好的保护，提高了城市生态环境承载能力。

二、新加坡生态环境承载能力预警经验

新加坡位于东南亚地区的马来半岛南端，紧挨马六甲海峡，国土包括新加坡岛及其附近 63 个小岛，其中的新加坡岛占全部面积的 88.5%[①]。新加坡自成立伊始就是一个城邦制国家，没有省市之分，而是采取社区划分

① 沙永杰，纪雁，陈琬婷．新加坡城市规划与发展 [J]. 同济大学学报（社会科学版），2021，32（5）：2.

制，将全国分为五个社区。新加坡目前已经成为全世界“生态城市”建设最成功的国家之一，在生态环境承载能力预警机制方面已经积累了大量经验。邓小平同志曾指出，新加坡是一座少有的生态城市，我国应当主动学习并借鉴其在环境保护、生态建设、高新技术开发与应用等方面的优秀经验。新加坡自独立以来始终秉持“花园城市”理念，目前已经成为世界公认的“花园城市”“宜居城市”。

实际上，新加坡在1965年时才宣布独立建国。建国初期本国的淡水资源都无法满足国民需求，大多数用水都需要从邻国进口。基于种种自然因素的束缚，新加坡从建国时就只能被迫选择可持续发展政策。建国初期，新加坡的国民经济状况也不容乐观，失业率居高不下，民众生活质量较低；商贩随意沿街叫卖，车辆乱停乱放等导致交通堵塞，环境不容乐观。因此，新加坡政府开始着手改善城市生态环境。

1.强化科学技术支撑

积极推进技术创新，大力支持并发展高新技术促使新加坡生态环境承载能力预警机制得以不断完善提升。新加坡政府通过制定“起步企业计划”、“培育企业发展计划”、税务奖励计划等政策规章积极鼓励企业参与生态技术创新；此外，新加坡议会还通过了一系列议案，进一步加大对高等教育投入，鼓励生态环境方面的学术创新，从而极大地推动了知识经济的发展，为新加坡生态环境承载能力预警机制提供了技术支持。

新生水技术是新加坡应用最广泛的生态环境保护技术之一。新加坡是一个极度缺乏淡水资源的国家，其人均淡水占有量位居世界倒数第二，国民的日常生活用水和社会生产用水的主要来源为从邻国进口淡水和收集储存降水。从邻国进口淡水确实能在短期内直接且迅速解决本国的淡水危机，但是其缺点也显而易见。一方面，邻国可以借此机会对新加坡进行经济敲诈，危害新加坡的经济发展；另一方面，长期完全依靠进口淡水会形成资源依赖性，一旦国外停止出口淡水资源，将会极大危害本国的国家安全。

为改变这些不利情况，新加坡提出“国家水喉”计划，这一计划的重要组成部分之一就是新生水技术的开发和应用。自 20 世纪 70 年代以来，新加坡在水资源高新技术领域已经取得巨大发展，2003 年时在全国范围内进行推广。垃圾回收利用技术也是新加坡生态环境保护技术的重要组成部分之一，城市生活垃圾和工业生产垃圾是城市生态环境面临的重要挑战之一。新加坡在处理城市垃圾时，一方面，大力发展垃圾回收利用技术，尽可能增加可回收利用垃圾的种类和数量，推动循环经济的发展；另一方面，将垃圾填埋工作与自然保护工程创造性相结合。新加坡生态环境保护的创新性举措是设立实马高埋置场，实马高埋置场设立于 1999 年，是世界上首座在海床上直接由垃圾堆积而成的生态岛屿，该埋置场包括海藻区、珊瑚礁和红树林区，为新加坡应对自然灾害提供了生态屏障作用，目前已经开发成可供本地居民休闲娱乐的旅游场所。

2.重视环境治理立法

新加坡在生态保护和环境治理方面十分重视法律的制定，这些法律为新加坡生态环境保护和治理提供了基本的法律依据，可以切实应对生产生活带来的各种环境问题。自 1965 年建国至 1968 年，殖民时期的公共卫生法律仍是新加坡的生态环境治理的主要依据，法律的重点在于预防传染病的传播和疫情的扩散。然而，随着新加坡经济社会的不断发展，这种遗留的法律早已不适应新的公共卫生问题，例如绿色清洁环境建设。因此，关于公共卫生问题的法律迫切需要改革和创新。《环境公共卫生法》于 1968 年出台标志着新加坡处理公共卫生问题进入了新阶段。为了应对建国早期的环境污染问题，新加坡政府先后出台了一系列针对性法律，例如《环境公共卫生法》①。

① 杨民安，曹鹏．新加坡生态城市建设实践与启示[J]．建材与装饰，2018（46）：97 － 98.

新加坡制定的各类法律都具有较强的可操作性。例如《环境公共卫生法》中关于公众清洁的部分，细致入微地分析了垃圾收集、道路清理和公共设施清洁的各项步骤和具体要求，同时对于垃圾乱扔乱放的处罚措施也提出了全面细致的规定。所有乱扔空瓶、食物残渣、烟头等废弃物的行为都定性为犯罪行为。初犯者的罚款一般不超过 500 新币，再犯者的罚款一般不超过 2000 新币，这在 20 世纪 60 年代是一笔不小的费用[①]。对于各行各业的从业者，新加坡法律也都给出了严厉且细致的规定，例如建筑开发商如果不合理处理在公共场所的建筑材料来预防可能带来的损害，将会受到更为严重的处罚。由此可见，新加坡政府在环境保护方面出台的政策既覆盖各个方面又细致具体，"法律条款详细，处罚规定严密，可操作性极强"，为城市的生态环境保护提供法律依据。

3.保障政策落地落实

新加坡在城市生态环境承载能力预警机制建设中不仅依靠严格完善的环境立法，并贯彻严格的执法过程。新加坡政府为了引起公民的重视，体现惩戒的威慑性，其执法部门会对违犯环境法者及时严厉地进行处罚。《环境公共卫生法》中指明必须简化执法程序，对于所有违法行为，执法者必须及时严厉地做出处罚[②]。一般情况下，乱扔垃圾等环境违法行为的实施主体都会当场收到传票，并且可以直接对当事人展开批评教育，告知其应当在规定期限内抵达指定法院接受审判，如果违法者接受判决结果，那么可以通过法定程序依法上交罚款。如果违法者不接受判决结果，那么法院将与违法者进行协商，确定听证会的举办时间与地点，进行进一步审判。随着新加坡经济社会发展，公民的经济收入也水涨船高，不超过 500 新币

① BEATLEY T. Singapore City, Singapore: City in a garden [M]. Washington, D. C. : Island Press, 2016.

② HAN H. Singapore, a garden city: Authoritarian environmentalism in a developmental state [J]. Journal of environment & development, 2017, 26 (1) : 23 – 24.

的惩罚金额逐渐失去其威慑作用，为了应对这一新情况，新加坡政府于1992年推出“劳作悔改令”来取代罚款措施，对于16岁以上多次违反环境法律或者违法情节严重者，法院判决其无偿参与社会清洁工作，最多可达12小时[①]。“劳作悔改令”不仅可以让违法者意识到乱扔垃圾的危害性，还可以减少清洁工的工作量。“劳作悔改令”在实际实行中取得良好效果，新加坡的所有公民、团体和组织在生活中都严格遵守法律。

4.打造生态承载力预警数据系统

建立科学的生态环境承载能力预警机制的前提是建设生态环境承载能力预警数据系统[②]。首先，新加坡政府通过定性分析与定量分析相结合的方式对本地区生态系统所能容纳的人口密度和经济社会规模进行科学分析。从经济、社会、环境三个方面对生态环境承载能力进行分析，采用科学的指标选取方式，合理确定指标以及指标的权重值，形成科学合理的指标体系。其次，新加坡政府还致力于运用云计算等新兴技术搭建生态环境承载能力预警数据平台，实现各项生态环境承载能力预警数据的动态化统计与管理，防止系统内的数据滞后于实际情况，方便研究和治理。最后，新加坡政府还将生态环境承载能力预警数据系统的日常管理运营由政府与非政府组织共同维系，所有数据及数据临界值完全向公众公开，方便公众进行监督，政府、非政府组织与公众共同对生态环境承载状况进行评估，有利于确保评估结果的真实性和客观性。政府直接参与生态环境承载能力预警数据系统的日常管理运营，一旦某一指标超负荷，可以简化信息传递程序，缩短信息传递时间，方便政府在短期内做出决策并向社会发布解决措施，而非政府组织和公民也能在政府发布解决措施前了解生态环境承载

① QUAH J S T. Public administration in Singapore: managing success in a multi-racial city-state [M]. // HUQUE A S，LAM J T M，LEE J C Y. Public administration in the NICs. London: Palgrave Macmillan，1996: 59 - 89.

② 倪旻卿，徐鹏，纪律. 新加坡数字化协同治理创新模式研究 [J]. 全球城市研究（中英文），2022，3（1）: 18.

状况，提前做好心理准备，这样就能尽快缓解生态环境的压力，推动经济社会的良性发展。

5.完善多主体合作机制

以政府为绝对主导的生态环境承载能力预警机制在上世纪取得巨大成效，但是进入新世纪以来，由于新加坡国内人口密度的不断上升和经济社会的不断发展，导致本地区面临的生态环境危机也不断加重，新加坡政府面临的生态环境保护压力也不断增大，政府的工作能力毕竟是有限的，尽管新加坡已经完成了“花园城市”的改造，但是接下来的维持和发展工作只依靠政府的力量难以完成，一个国家的生态环境承载能力预警机制也不可能只由政府来完成，还需要依靠非政府组织来引导公民参与。

新加坡在建设“花园城市”的过程中充分认识到政府力量的有限性，积极推动环保非政府组织参与到预警机制建设中来，努力打造“政府—非政府组织”合作机制，让环保非政府组织能够充分发挥自身优势[①]。环保非政府组织的成员来自社会各行各业，为普通国民参与生态环境承载能力预警机制建设拓宽了参与渠道，激发了环境保护意识，国民环境保护意识和参与公共生活意识的增强又会反过来助力环保非政府组织扩大组织规模和社会影响力，组织规模的扩大和社会影响力的增强又会增加环保非政府组织调动社会资源的能力，这些社会资源可以用于收集环保信息、宣传教育、污染整治等方面，有效补充政府职能。环保非政府组织还积极推动环境保护领域的学术研究，通过募捐等方式吸收社会资金，缓解政府财政压力的同时增加学术研究方面的资金支持，为生态环境承载能力预警机制建设提供人才支持，提高政府工作人员的专业能力。在非政府组织的协助下，新加坡的生态环境信息的收集和分析、公民环境保护意识、参与生态环境

---

① 冯琳，徐勤怀，何萍.新加坡的城市自然系统构建及启示[J].四川建筑，2020，40（4）：30 − 33.

承载能力预警机制建设能力等方面获得巨大发展。

6.注重跨区域合作治理

随着经济社会发展和人口数量的上升，各个地区对自然资源、能源的需求也不断上升，相应地，造成的污染也在不断增加，随着城市边界的不断扩张，城市与城市之间的距离也在不断拉近，再加上水资源的流动和空气流动，生态破坏和环境污染问题是跨界性的，生态环境承载能力预警机制建设离不开与周边地区的协调与合作。除了一些全球性问题，一些新出现的区域性环境问题也困扰着新加坡。新加坡地处东南亚，具有极为复杂的生态系统，本地区的自然资源匮乏，像淡水资源、水果等自然资源大部分需要进口，十分容易受到周边地区的环境问题影响[①]。

为了应对区域性乃至全球性问题，新加坡积极与周边地区展开合作，与周边地区一起协商，讨论共同关切，致力于共同解决环境问题[②]。例如，新加坡在 2007 年 11 月主办的东盟和东亚首脑会议上巧妙地将与会各国领导人的关注点转移到生态环境方面，并在会议上成功通过了三份气候声明，拓宽了生态环境承载能力预警机制建设的发展道路。跨境空气污染问题是东南亚地区的主要环境污染之一，新加坡在应对跨境空气污染时意识到，只依靠新加坡政府和公民的努力无法完全消除跨境空气问题，跨境空气污染问题的解决离不开与周边国家，尤其是印度尼西亚的交流与合作。为此，新加坡于 2002 年与东盟其他成员国共同签署了《东盟烟雾协议》。新加坡通过提供资金支持、技术支持等方式帮助印度尼西亚缓解森林火灾问题，帮助马来西亚解决黑烟车问题，开展沿海水质检测工作；新加坡还利用其先进的卫星技术和天气检测技术，追踪东南亚地

① 陈婷，雍娟，何奥．新加坡城市生物多样性保护经验对我国的启示[J]. 城市建筑，2021，18（24）：5.

② AUSTIN I P. Singapore as a 'global city': Governance in a challenging international environment [C]. // DJAJADIKERTA H G，ZHANG Z. A new paradigm for international business. Singapore: Springer，2015: 171 － 192.

区的烟雾排放问题。新加坡在全球层面认真履行“多边环境协议”所规定的义务，也具体出台了许多应对全球性环境问题的法律政策，主动与世界分享其生态环境保护经验，主要包括新加坡环境培训计划和新加坡合作计划等。除了政府之间的合作，新加坡还积极推动本地区企业与其他地区企业就生态环境保护方面开展商业合作，为不同地区企业就生态环境保护开展商业合作提供了交流平台，促进国际商业合作发展[①]。为了凸显与周边地区合作的诚意和能力，新加坡还出台一系列政策将自身打造成为生态环境保护技术开发中心，以此来吸引其他国家与其开展交流合作。新加坡周边地区多为发展中国家，环保技术的发展相对滞后，而新加坡的技术优势无疑能给周边国家的生态环境承载能力预警机制建设提供厚实的技术基础。例如新加坡于 2008 年举办国际水资源周，在会议和展览中，充分向世界展示其发达的新生水技术，欢迎世界缺水国家的企业和专家来新加坡学习，致力于与世界各国一起运用新生水技术合理处理污染水，提高水资源的利用效率。

生态环境承载能力预警机制建设也离不开生物多样性保护，一旦地区内生态系统的完整性遭到破坏，将会对本地区的生态环境承载能力造成巨大危害。生物多样性的保护也离不开与周边地区的合作。新加坡的自然条件对生物多样性保护的要求更为苛刻，为了保护本地区的生物多样性，新加坡积极主动与周边地区就生物多样性保护达成合作协议。同时积极参加东盟区域的生物多样性中心组织举办的各种会议和展览，并在会上积极参与讨论，为本地区生物多样性保护工作积极献言献策，为周边国家开展生物多样性保护工作提供技术和资金支持。

① FUJII T，ROHAN R. Singapore as a sustainable city: Past，present and the future [J]. SMU economics and statistics working papers，2019.

第二节　国内生态环境承载能力预警机制经验

一、青岛市生态环境承载能力预警经验

1.强化制度体系的建设

青岛市构建了相对完备的生态环境承载能力预警制度体系，为生态环境承载能力的稳健提升与预警机制的持续完善指明了方向，奠定了坚实的基础，在生态环境预警工作的开展、生态环境监测预警体系构建等方面都有积极进展。王东生等学者重点研究环境管理空间指标体系的构建工作，以青岛市为例，对生态环境大数据平台环境目标管理系统进行了分析，提出动态化调整评估体系能够为环境质量的量化评估工作提供保障[①]。

在生态环境预警工作开展方面，青岛市生态环境局积极落实《青岛市生态环境局突发环境事件应急预案》和《青岛市大气重污染应急预案》等相关要求，全面推进生态环境监测预警体系的建设工作，具体包括组织结构建设、预警工作开展、应急响应措施以及对应的保障措施等内容，强化生态环境监测数据的分析与管理应用，为精准监测污染、预判生态环境承载能力、及时做出生态环境承载能力预警和采取对应措施提供了强有力的体系支撑[②]。

在生态环境监测预警方面，一些学者从不同方向开展研究，吴玉光以青岛市为例研究环境监测预警体系的建设工作，通过对国内外现状分析，

① 王东生，徐可东，刘倩男，等．构建可视化动态环境管理空间指标体系——以青岛市生态环境大数据平台环境目标管理系统为例[J]. 环境经济，2021（13）：4.

② 青岛市环保局．青岛市重污染天气应急预案[EB/OL].（2018-08-24）http://mbee.qingdao.gov.cn:8082/m2/zwgk/view.aspx?n=40edd3b8-ba8e-44fe-bac5-54fa9ab7abc0.

总结了预警的指标体系、预警的模型技术体系、预警工作系统平台开发和预警设备等方面的问题，最后提出青岛市环境监测预警体系建设的主要内容，为政策的出台与治理规划的制定提供参考[①]。青岛市现有的生态环境监测预警体系在逐渐完善，具体包括生态环境质量监测和污染源管理工作。

在生态环境质量监测方面，青岛市生态环境监测中心负责环境安全预警监测体系的建设工作，搭建了涵盖现场检查、实验室检测、数据平台在线监测等内容的体系框架，组织实施环境应急和预警监测，依托在线监测数据，并定期对饮用水的水源地、河流断面、空气质量、重点工业园区大气环境、城市污水处理厂产成品检测、重点企业土壤以及环境风险源开展预警监测，一旦发现超标现象及时预警报告。在山东省的“十四五”生态环境监测规划中，对生态环境领域提出了新的监测要求，争取实现包括环境、生态、污染源的全领域，包括大气、水源、土壤、海洋等全要素和全区域的覆盖，让生态环境质量监测数据更加权威[②]。青岛市正在不断完善生态环境监测网络建设，对特征性污染物、空气质量、水环境质量和海洋环境实现全方位监测。目前已经建立并将持续完善多功能、全方位的空气自动监测网络体系。整合优化地表水国省控断面、市控断面、水功能区、跨区界断面和重点地表水体支流断面设置，加强集中式生活饮用水水源地水质监测。同时对于市内重点河流断面的监测正在准备实现全面的机器自动监测，改变原有的人工检测模式，有效地提升监测效率和准确率，节约人力成本投入，改善监测环境。由于青岛市特殊的地理位置，海洋环境也是生态环境治理的重要任务之一，市生态环境局高度重视海洋生态环境检测工作，并且逐步健全海洋生态环境监测网络，实现全市主要海湾全覆盖海洋水质监测站点，对河流入海口以及排污入海口的水质进行重点检查，优化原有的监测方式，同时优化调整原有地下水环境监测点位。另外，不

① 吴玉光．环境监测预警体系建设研究[D]．青岛：青岛大学，2011.

② 山东省人民政府．山东印发“十四五”生态环境监测规划[EB/OL].（2021-12-28）http://www.shandong.gov.cn/art/2021/12/28/art_97904_518400.html.

断完善声环境、土壤环境、农村环境、辐射环境、生态环境质量监测网络，建立生态保护红线年度遥感监测制度，形成陆海统筹兼备的监测模式。李杰等学者通过运用将遥感数据作为主要驱动数据，采用生态服务模型与生态敏感性指数相结合的生态保护重要性评价方法对青岛市生态环境评价等级做出研究，指出遥感监测工作对于生态环境质量评价的重要性[①]。

在污染源管理方面，青岛市主要实施挥发性有机物排放总量控制机制，推进挥发性有机物排放源监测监控体系建设，从而对主要的污染源起到良好的控制作用，是开展生态环境承载能力预警的关键环节。在实际管理过程中，动态更新大气污染源排放清单，强化大气污染源的动态管理，对生产企业的信息进行汇总和分析，进一步掌握辖区重点污染源的行业和分布情况。由于特殊的生态资源分布情况，青岛市还特别重视石油化工等重化工行业的生产情况，尽量规避环境安全风险和污染事件。对重点监控企业开展涉及挥发性有机污染物废气在线监测，在重点防控时段开展涉 VOCs 排放的工业园区、产业集群和重点企业走航监测。另外，还通过安装污染源自动监控设备，特别是重金属及特征污染物自动监控，实现 24 小时不间断监控。目前，青岛市已有完善的重点污染源执法监测机制，能够实现监测与监管联动快速反应，保持较高的现场同步监测与执法水平，在现场与远程监测的过程中主要通过应急无人机流动性监测、执法无人机应急飞行监测与监测站位的长期性监测实现对污染源的自动监测，实现全市重点排污单位企业自动在线监测全覆盖。多种监测模式构建起面向污染源的监测体系，能够有效提升对指定污染源的监测准确率和效率，保障自动监测数据的质量，充分发挥监测数据在执法中应用，为生态环境执法工作提供有力的数据支撑。

① 李杰，贾坤，张宁，等．基于遥感与生态服务模型的青岛市生态保护重要性评价[J]．遥感技术与应用，2021，36（6）：1329 － 1338.

2.推进多主体协作治理

在生态环境承载能力预警工作中，青岛市各部门之间实行信息开放共享，各个部门充分发挥本部门的专业优势，建立健全社会应急动员机制，实现了“政府主导，企业配合，社会参与”的治理模式，多元主体的参与从不同维度来开展治理工作，补齐治理短板，该种治理模式在现实情况中有效运行，维持了良好的生态环境。

（1）青岛市着力构建生态环境保护大格局，在治理体系中由政府部门主导开展生态环境承载能力预警工作，应对生态环境保护治理建立了“顶格推进”的工作机制。成立了市生态环境委员会，市政府主要人员担任委员，对于生态环境治理工作予以统筹推进，面向各级政府、企业主体和社会公众制定出台管理文件，统一治理标准。市人大常委会对水和大气污染防治等工作开展了监督检查，健全治污攻坚工作体系，聚焦重点目标、指标和难点问题，加强统筹，系统治理，构建起污染综合防治工作体系。市政府分管领导每隔固定时间召开一次调度会，通报问题，部署工作，市生态环境委员会各成员单位密切协作，强力推进重点目标任务，政府内部通过会议与文件批示传达的方式协作开展生态环境承载能力预警工作。政府重视在实际工作中注重做好预警及准备工作，按照既定规划做好隐患排查，当紧急情况发生时，按照预警级别等级的研判进行对应的响应和处置，应急工作主要由市局应急指挥部主导负责，由市生态环境局相关人员担任指挥，成员包括生态环保处、大气环境保卫处、水生态环境处、土壤环境和固体废物处理处、海洋生态环境处等部门，由相关部门共同分析、研讨防范应对环境领域的突发事件，通过数据共享等技术条件协同推进生态环境承载能力预警工作[①]。

① 青岛市生态环境局．青岛市生态环境局关于印发青岛市生态环境局突发环境事件应急预案的通知[EB/OL].（2019-12-18）http://mbee.qingdao.gov.cn:8082/m2/zwgk/view.aspx?n=713735ad-421c-47b6-a820-de292ad20643

（2）作为参与生态环境承载能力预警工作主体之一的企业也在积极落实治理责任。政府对于生产企业开展了综合性监督检查工作，加快推动各区（市）政府落实生态环境保护主体责任，企业在生产过程中加强物料运输、装卸、储存、输送、生产等环节管控，提高工艺的自动化和设备的密闭化水平，降低污染可能性。同时政府持续推进行业与企业社会责任标准和企业环境信用登记评价工作，指导企业及时公开环保相关工作信息，落实排污单位自行监测的主体责任。政府方面对于可能造成污染的企业和项目，严格准入条件，从源头防治污染，积极推进产业布局调整，对于落后的生产方式，要予以依法依规的淘汰，积极践行环保型生产方式，承担污染控制的主要责任，减少污染物的排放。青岛市全面落实排污许可证制度，加强排污许可证发放前后的监督，对固体污染物排放许可证进行净化和整改。青岛市正在探索建立健全生态补偿制度，积极探索和完善用能权、水权、排污权、碳排放权市场化交易机制，加快推进实施资源有偿使用制度，对企业的产成品及排出的废气、废水和废弃物进行检测并且实行奖罚制度，对企业违法排污、违规处理的行为进行环境违法事件罚款，对治理优秀的企业实行多种方式的奖励，能够保证企业主体对环境治理始终保持高度关注，全面提升水环境的管理效率。

政府与企业主体的协同治理对于生态环境承载能力预警工作从多个维度有效限制生态环境污染的产生和扩散。

（3）青岛市重视公众参与生态环境承载能力预警工作，倡导建立环境治理全民行动体系。在思想意识方面，加强面向所有参与主体的生态文明宣传教育，提升广大干部、群众的生态文明思想觉悟和意识，让社会各方力量能够形成推动生态环境治理的合力，确保公众逐步适应环境监测和参与的作用，完善公众参与机制，制定公众参与环境决策的原则和框架，以及公众参与环境决策的程序和方法。在社会监督方面，对于保障公众的知情权、参与权和监督权，相关部门经过多方的研讨协商，做到对于信息进行及时的公开，加强了信息披露。在参与机制建设中，要建立有效的环境监测社会参与机制，改革投诉机制，建立环境投诉预警机制，完善社会监督问责机制。积极发布环保先进模式，鼓励媒体创建“展示平台”或专栏，识别和跟踪各类环境问题、突发事件和环境违规行为。确保公众能够充分参与环境决策的机制，保护公众的知情权、监督权和参与权。

对于非政府组织、民间志愿者，相关部门出台了有关政策予以支持，动员社会各界人士积极投身生态文明建设，建立“市民环保检查团”和“生态保护体验团”。鼓励公众对资源节约、环境保护和生态文明建设献言建策，每年开展生态文明建设参与度和满意度调查，保障公众对生态文明建设的参与度和满意度达标。同时，建立公众参与环境后督察和后评估机制，打造全民参与的良好环境。

3.加强资金要素保障

在青岛市生态环境承载能力预警工作中重视配套的保障工作，对于分析与预警工作的开展奠定了坚实的基础，对整个治理体系起到强大的支撑作用。资金保障是各项工作顺利完成的必备条件，专项资金的使用能够保证各级政府因地制宜地开展生态预警工作，采取相应的应急治理措施。青岛市在生态环境的管理和保护方面非常注重资金的投入，力争多渠道筹措保障资金，建立常态化财政投入机制，积极争取国家和山东省生态文明建设和生态环境保护资金支持。另外，建立了“政府—企业—社会”多元主体参与的投资融资机制，充分利用环保专项资金、生态功能区转移支付、绿色发展基金等吸引社会资本参与准公益性项目和公益类生态保护和环境治理项目。同时，优化生态环境保护的专项资金使用方式，加大生态文明建设项目资金的审计监督力度，提高资金的使用效率和效益。

在大气质量管理方面，青岛市发布相应的应急预案，强调青岛市在对大气治理方面，资金的投入逐渐加大力度，充分发挥专项资金的投入和保障使用，确保各级政府要重视空气污染治理工作，强调要把重污染天气应急所需要的资金列入预算，切实能够为空气质量的监测体系建立、预警响应、应急处置、监督检查、应急基础设施建设、运行和维护以及应急技术支持等各项工作提供资金保障。

4.注重技术平台的建设

技术平台的使用能够积极适应生态环境承载能力预警工作的新要求，实现监测信息能够在各主体间共享共通，主动加强与科研院校合作，主动吸引多方力量参与到治理中来。青岛市充分发挥科技创新的引领作用，加大环境监测软硬件建设，提高生态环境监测能力，构建全方位、多层次、城乡全覆盖的生态环境监测体系，截至目前，青岛市基本建立了多维度、全过程的生态环境管理体系，利用信息化手段实现对于生态环境承载能力的监测与预警工作，在技术平台建设方面，青岛市按照既定的生态环境大数据建设规划，持续推进生态环境大数据平台项目建设工作。构建青岛市环境数据资源中心，提升数据资源的获取和整合能力，汇聚整合生态环境部、省生态环境厅及有关部门生态环境数据资源，以及生态环境部门环境质量监测等相关数据和互联网数据资源，促进环境数据、行业部门数据、社会数据、互联网数据的融合和资源整合提升，完善青岛市生态环境主题库及相关资源目录建设。彭亮等学者在青岛市现有大数据平台的基础上，利用大数据、云计算等技术构建了青岛市生态环境数据资源体系，突出大数据手段在生态环境领域的应用成效，实现环境、生态、气象和海洋等领域的生态数据监管与共享功能[①]。

加强生态环境业务应用系统建设，推进各业务应用系统整合，强化生态环境业务应用支撑平台、视频监控平台、地理信息平台等基础性平台建设，为生态环境智慧化业务应用提供支撑。推进业务应用系统的统一运行维护，强化网络安全管理，落实网络安全工作责任制、网络安全等级保护等制度。探索对生态环境数据资源的深度应用，青岛市目前已经能够充分利用信息

① 彭亮，刘倩男，华丽，等．青岛市生态环境大数据资源体系的构建与应用研究[J].资源信息与工程，2021，36（6）：154 － 158.

平台中的数据，完成分析预警工作，借助可视化分析手段，直观、便捷观测到空气质量、水资源环境、污染源监管以及特定废弃物追踪监管等方面关键指标的动态变化，为生态环境承载能力预警工作的开展提供数据支撑。

另外，青岛市注重与相关科研机构的交流和学习工作，支持市内的高校、科研院所创建国家生态环境保护重点实验室、工程技术中心，推动关键环保技术产品自主创新与成果转化。鼓励创建环保科普基地，加强生态环境智库建设。加强国内外交流合作，攻克一批环保产业关键技术，推广先进适用的污染防治技术与装备，推进科技创新在环境监测领域的应用。持续开展生态环境治理创新技术研究，推进科技成果转化，完善环境保护科技成果转化激励机制，提升应用导向的基础研究能力，增强环境科学技术基础能力建设。

二、深圳市生态环境承载能力预警经验

1.形塑健康的价值理念

积极健康的价值理念能够为生态环境承载能力的提升以及预警机制创新与完善塑造良好的社会环境。深圳市在探索生态环境治理之道的进程中，始终将“城市生态”理念置于重要位置，1998 年 6 月，深圳市委书记提出要使深圳市“天更蓝、地更绿、水更清”，将环境的重视度提至新的战略高度。2003 年底，深圳市委明确提出，将深圳建设形成包含高品位的社会文化建设、生态城市建设等内容的新型地区性经济社会现代化发展都市，并在党委领导下逐步形成了在紧约束条件下求增长的新思路，以环境建设为抓手，逐步推动都市生态文明建设迈上新台阶。2011 年 1 月，市政府工作报告在“十二五”基本思路中从五个方面全面阐述了“深圳质量”，认为创造“深圳质量”，就是“坚持不懈地以质取胜，追求更高水平的物质文明；坚持以人为本，谋求更高水平的生态文明；坚持教育兴市，追求更高水平的精神文明；坚持科学开发，追求更高水平的企业文明；坚持低碳发展，追求更高水平的环境文明”。上述生态环境相关的各类生态理念的提出与倡导，

均在一定程度上促进了深圳市生态环境治理的积极健康发展，为深圳市生态环境承载能力的提升与预警机制的完善营造了良好的氛围与环境，夯实了坚定的基础。

2.制定系列发展规划

政策规划的宏观引领与微观指导有助于统筹生态环境治理合力，进而促进生态环境承载能力预警机制的不断完善。早在 1981 年 4 月，国务院副总理万里在视察深圳市时就提到了：建立一个都市，首先要把城市总体规划做好[①]。1998 年，深圳市出台了最新一版的《都市发展规划管理条例》，确立以法定图则为核心内容的城市规划体系，在都市管理精细化领域方面前进了一大步；2005 年 12 月，深圳市发布《深圳市 2030 年都市经济发展战略》，明确提出了打造“世界可持续经济发展先进都市”的远景发展目标；2006 年发布的《中国深圳森林生态市建设计划》，明确提出以建立与城市生态承受能力相适应的城市生态承载力预警机制，以维护城市自然生态系统为基石，以进一步发展城市生态经济系统为驱动，提高城市的综合实力，将深圳市打造为我国最具经济发展活性的森林生态都市典型，从而为区域的发展工作奠定了生态建设指引与基础。

3.创新跨部门联动机制

强调跨部门的协同联动、整合政府部门的职能对生态环境承载能力预警机制的完善大有裨益。近年来，深圳市政府在生态环境治理中发挥积极且重要的领导功能，从整合政府各职能部门设立的议案办理工作组，到成立工作例会、小部门的互动机制，再到成立大部门领导负责制的人居与环保理事会，进一步创新了政府工作机制从而适应多元化的环境管理任务。2004 年 6 月，为有效受理市人大交办的有关生态环保等问题的议案，政府

① 林震，栗璐雅．生态文明制度创新的深圳模式 [J]. 新视野，2015（3）：67 － 72.

专门组成了由副市长为组员的议案意见办理工作组，具体由市政府办公室负责，与环境保护、水务、农林渔业、监察等十六个部门联合办公，扭转了既往由一个局委牵头的工作局面。此后，政府建立健全了“生态环境监察管理制度”“深圳市生物环境保护联席工作会议制度”“市级自然资源保护区管理审查委员管理制度”等各项工作制度，逐渐完善了各个部门之间的互动、协调机制。2007 年组建了“市环境与发展综合决策委员会”，明确规定了本市一切可以对环保发展造成重要影响的政策、计划，以及重大经济发展项目等均需经相关部门审定。2009 年，深圳市在既有环保、林业园林、环境综合执法管理委员会等机构的基础上组建了统一的人居与环保委员会，开创了中国政府部门生态环境大委员会制的先例。

4.完善考核评价机制

完善生态环境工作部门和人员的职责管理体系，健全相应的考评、奖励机制，对生态环境治理以及生态环境承载能力预警成效的提升具有积极作用。2006 年，深圳市积极打造了“污染物源环境保护监管全覆盖面工作责任管理体系”工作网络，内容涵盖全市纵贯头至底、横面到边面的四级环境保护目标监管等。2007 年颁布《深圳市环保实际业绩考评试点方案》，进一步将各项环境保护执法工作列入综合考评范畴。2010 年将环境资金情况列入环境保护实绩考评，达到经济性、社会协调发展和经济效益、环境经济效益“三效合一”综合评价的平衡统一，成为对各类干部的政绩考核、年终评价、领导干部选拔任用与激励的主要依据之一。2013 年 9 月，也正是被环保部称为 07 版环境保护实绩责任制考评工作制度“升级版”的《深圳市生态安全文明环境建设考核制度（试行）》开始实施，逐步构建成了广泛适用于城乡各区、市直单位部门和各重点企业领导班子的生态文明目标建设责任制考评量化工作体系，目前基层生态文明目标建设工作的具体考评工作成绩已成为衡量地方领导干部政绩、年终考评和选拔人才使用情况的重要依据。

第六章　沈阳市生态环境承载能力预警机制完善对策

第一节　优化生态治理场景，营造宽容开放的预警情境

一、加强生态环境承载能力协同预警顶层设计

伴随城市化进程的不断加速，环境治理问题接踵而至。因此，理应强化沈阳市生态环境承载能力协同预警的顶层设计，构建科学合理的生态环境承载能力预警组织管理协同参与的制度框架，这是完善生态环境承载能力预警机制的根本性基础和前提。

首先，政策、法律、行政法规、地方性法规等属性的政治任务化，使协作型治理对程序规则的守持成为一种必然、一种常态[①]。健全的生态环境承载能力协同预警法治体系，是实现沈阳市生态环境承载能力韧性提升的重要制度保障之一，能够最大限度地提升生态环境治理相关政府职能部门的治理能力，进而提升生态环境的治理质量。因此，政府及相关部门理应在完善相关法治体系方面倾注足够的注意力，不断完善生态环境承载能力预警的一系列法律法规，强化制度的硬性保障效用。在拟定沈阳市生态环境承载能力预警机制相关法律法规时，应当进一步细

① 曹海军，王梦．双网共生：社会网络与网格化管理何以协同联动？——以S市新冠肺炎疫情防控为例[J]. 中国行政管理，2022（2）：59 － 66.

化生态环境治理的实施程序，确保生态环境承载能力预警有章可循。同时，需要进一步畅通社会公众参与生态环境影响的各类渠道，明确公众参与生态环境影响评价的平台、工具与流程，提升社会公众对生态环境承载能力的监督效力。需要引起注意的是，生态环境问题往往具有一定的跨界属性。因此，针对属地边界限制和环境协同立法的现实情况，应当深入协商生态环境承载能力协同预警在顶层设计和理论支持层面的新标准。

其次，沈阳市政府应当注意地方性环境执法法规及其实施细则的协调性、可操作性。生态环境承载能力预警的标准是生态环境承载能力预警机制完善的重要着力点，同时也是决定生态环境承载能力预警机制运行效力的关键[①]。因此，在生态环境承载能力协同预警法规和标准制定上，应适时与其他省市的立法部门以及社会、市场等主体进行充分的互动、沟通与交流，使沈阳市的法律能与之形成有效的协同体系，逐步体现协同治理的新要求与新需求。例如，制定污染防治条例立法安排，协同起草、审议、通过并落实施行。同时，政府、社会与市场等多元化主体在宣传法规、解释法规等方面也应加强协作，进一步强化并凸显法律法规的实施效果。各级生态环境执法部门对于环境污染等违法案例应当统一执法标准，严格按照统一的规章制度办事，严防出现各地标准不一造成的执法乱象，从而对沈阳市生态环境预警组织管理整体执法效果产生影响。加大对沈阳市生态环境问题的重点排查力度，在法律法规层面，深化与完善执法联动机制，推进各级政府部门以及企业、社会组织、社会公众等行动力量做好联防联控工作，发挥出生态环境承载能力协同预警的"合力"，消除行政层级藩篱，进一步完善生态环境承载能力预警机制。

① 袁日新．生态环境承载能力预警制度的优化路径——以风险社会为视角[J]．社会科学家，2022（1）：130 － 137．

二、优化生态环境承载能力协同预警宣传教育机制

优化生态环境承载能力协同预警的宣传教育机制，有助于将政府、社会以及市场三大行动者力量有机黏合以形成生态环境承载能力协同预警的合力，从而有效提升沈阳市生态环境承载能力，具体可参考以下三点建议。

1.创新拓展生态环境承载能力协同预警宣传方式手段

积极探索“线上＋线下”宣传教育方式，既要做好全面的、系统的生态环境承载能力预警机制的宣传教育活动，普及生态环境承载能力预警的各方面知识，又要注重对生态环境承载能力预警参与行为的鼓励、支持及引导工作，通过各种活动的开展，逐步提高社会公众对生态环境承载能力预警的认识，充分调动公民和社会组织参与生态环境治理以及监督不法行为的积极性，逐渐形成良好的参与和监督氛围。需要引起注意的是，在宣传生态环境承载能力以及预警相关的内容时，既要有效防止过度说教的形式化宣传，又要时刻警惕过度娱乐化的浅层次教育。因此，首先，宣传教育形式应当符合“日常性”特点，是社会公众能在日常生活中接触并易于理解的形式。例如，纸质化的宣传单页、社区宣传栏的海报、公共交通场所的电子显示屏，以及电子化的网络公开课、新媒体直播、在线访谈等多种形式，能够使社会公众在日常生活中常见常知，促进社会公众形成良好的生态环境治理参与意识以及生态环境承载能力预警意识。其次，宣传教育形式应当具备较强的“传播性”特征。比如，制定生态环境承载能力预警相关的特定宣传片、视频等形式有助于产生更大的溢出效应，形成全社会共同支持、参与的良好社会风尚。最后，通过设置固定的日期或者频率，开展定期与不定期的系列志愿活动、案例介绍、宣讲活动等，能够促进生态环境承载能力预警观念和意识的生成与文化的传播，这对于打造沈阳市生态宣传品牌，进而完善生态环境承载能力预警机制具有一定的保障作用。

2.丰富充实生态环境承载能力协同预警宣传内容

针对生态环境承载能力协同预警的宣传内容应当符合一定的要求和标准。一方面，注重内容的全面性。宣传内容既要涉及政府生态环境承载能力预警机制工作内容，又要做好知识普及与教育。在政府工作上，政府既要将自身工作中的相应文件给予依法、及时的公开，让公众能够获得信息，又要借助于报纸、广播、电视等大众媒体和微信、微博等新媒体不断公开相关工作内容，让宣传做到全方位、多领域，增强全体市民的生态意识，推进生态环境承载能力预警机制共建共享。另一方面，注重内容的精确性。在知识普及与教育上，需要衡量宣传内容做好生态环境承载能力预警机制的解释、科普，最终落实到个人行动的指导上。例如，能否有针对性地对个人生态意识、生态环境承载能力预警事件预见与应对能力起到辅助和引导作用，也是宣传内容是否能起到助推作用的重要标准。如此才能做到生态环境承载能力协同预警宣传到位，保障有力。同时，还应当注重使宣传效果扩大化，紧跟地方发展实际、社会发展现状，贴近人民日常生活的内容毫无疑问会成为宣传的重要着力点。宣传内容如果能够注重针对性和时效性，在内容上多加打磨，多加创新，就能够更好地增强宣传保障作用。

3.拓阔生态环境承载能力协同预警宣传路径

生态环境承载能力预警宣传途径是否广阔与宣传的效果及其影响力密切关联，要达到社会广泛了解、广泛参与、广泛监督的机制宣传效果，就需要拓阔生态环境承载能力预警的宣传路径，进而保障生态环境承载能力预警意识和预警观念深入社会、深入人心。首先，应当提升政府内部宣传途径的广泛性。政府内部的工作会议、日常报告等多种途径对于营造良好的生态环境承载能力预警氛围具有良好的效果。因此，应当保障政府内部宣传渠道的畅通，这对于生态环境承载能力预警在政府系统的有力宣传具有重要意义。其次，应当保障政府对外宣传途径的广泛性。进一步强化地方环保部门网站、公众号等多媒体建设，通过省厅政务信息栏、市委市政府政务信息栏、省政府门户网站、市局门户网站、工作动态信息、环保微博、微信公众号等官方渠道，对生态环境承载能力以及预警信息进行及时的公布，并在多媒体平台开设专门的生态环境承载能力预警宣传专栏，在保障社会公众知情权的同时，使生态理念及预警意识在社会面形成更为广泛的宣传效果。同时，为进一步增加生态环境承载能力预警工作的公开性和透明度，应与时俱进地提高地方广播、电视等媒体的宣传力度。具体来看，一是可以借助报纸、省市级期刊、省市广电总台等新闻媒体和期刊杂志平台，发表文章、调研信息、有推广价值经验信息、工作进展；二是可以利用上述渠道加强对公众的宣传教育，利用电视、广播、报刊、网络等多种媒介手段和多种方式进行广泛宣传。最后，重视社会组织在生态环境承载能力预警方面的宣传作用，推进环保类社会组织的大力发展与茁壮成长，引导社会组织积极开展生态环境方面的志愿活动、宣传活动，促使其成为与民众和政府顺畅沟通的桥梁，这也有助于进一步激活社会资源，扩大宣传影响力、提升宣传效果。

三、培育生态环境承载能力协同预警价值理念

众所周知，协作行为发起、建立以及维持应当建立在统一性的价值理念之上，应当具备广泛一致的基本共识。这就需要协作主体有效遵循信息开放共享的原则、尊重行动者彼此间的利益诉求，力求通过协商一致的平等对话，以促成沈阳市生态环境承载能力协同预警的价值理念。

1.培育生态环境承载能力协同预警的全局性价值理念

伴随生态环境治理环境的动态变化以及生态环境治理问题的日益严峻，仅依靠单一行动主体难以应对复杂多变的生态环境承载能力形势，必须统合包括政府、企业、社会组织以及社会公众在内的多元行动主体的整体性和全局性价值观念，通过互相学习与协商从而形成协同一致的价值理

念，在整合各方行动力量的基础上完善沈阳市全域的生态环境承载能力预警机制，提升生态环境承载能力。

一方面，作为核心行动主体的政府部门，应当摒弃传统的“官本位”思想，在不同主体的差异化利益诉求之中寻求协同行动的适当点位，形塑在宏观系统中各个子系统和谐共生的理念。在治理沈阳市生态环境、提升生态环境承载能力预警机制的过程中，各行动主体应当在协同治理理论的有效指导下，根据自身的资源禀赋以及优势条件，适当调整协作行动的方向与行为方式。比如，政府应当适度加大沈阳市生态环境治理过程中的财政投入，并在充分调研的基础上制定与时俱进的生态环境承载能力预警相关的政策条例；企业应当严格遵循相关法律法规规定的排污治污要求，并在一定程度上供给自身所具备的资金资源优势；社会组织与公民应当在政府的号召下形成维护生态环境向善向好的自发力量，充分调动自身在生态环境治理领域的积极性与主动性。另一方面，各个行动主体价值观具有一定异质性，但协同联动的全局性理念并非否定各主体基本利益及其合理性，各主体在追求生态环境承载能力预警机制完善提升的共同目标时，仍然可以追求并维护自身的合法性、合理性、有效性利益诉求。尤其在相关政策制定过程中，以政府为主导的行动主体应当召开专门的协商会议，允许利益相关者表达自己的利益诉求与建议，明确各方责任定位，切忌“闭门造车”，只有通过多次的协商与调节，才有可能最大限度减少某一方利益的损害与协作异议，如此才有助于形成满足各方诉求的协作战略，从而形成平等、共赢的协作伙伴关系。

2.培育生态环境承载能力协同预警的互信价值理念

互信通常指的是两个及以上的行为主体之间彼此信任，这种关系往往存在于协作行为之中。主体间的互相信任有助于达成协作行为，反过来，协作行为的生成、持续也能进一步增强行动主体之间的信任稳健度。因此，互信与协作行为二者之间是彼此依存、相辅相成的交互关系。沈阳市在生态环境承载能力预警机制完善的进程中，需要各行动主体之间的信任关系作为行动达成的黏合剂，因此需要利益相关者通过顺畅无阻的信息沟通等路径达成协同一致的互信理念。

首先，积极促成不同行动主体间的文化认同。文化认同不仅局限于地区与地区之间，也常常形成于组织与主体之间，强烈的文化认同有助于协同行动过程中的人们形成共同的价值判断、行为方式以及生活习惯等，更能够促进人与人之间的相互了解与沟通，从而形成一种稳定的信任关系。因此，以政府为主导的行为主体不应对彼此之间的文化理念有所排斥，而应当秉承宽容、开放的行动理念去接纳对方的行动原则、处事方式以及可能存在的不足，如此才有可能在彼此之间形成基本共识与文化认同。其次，应当在强化信任保障机制方面倾注足够的注意力，通过法律制度、合作协议、失信惩罚制度等促成并维护不同行动主体之间的信任关系。多元行动主体在协同联动提升沈阳市生态环境承载能力、完善预警机制的过程中，应当制定并完善有关法律规章，明确规定各方权益与责任，以及在协同行动进程中必须遵守的行为规范。利益相关者可以就该协同行动签署一系列协作协议，最大限度地保障各方严格遵守有关法律法规的要求，积极履行协作协议与相关承诺和责任。如此，各方行动者才能够形成良好的信誉，从而提高在合作中的信任度。最后，通过失信惩罚机制警示或者惩戒行动主体在协同行动中的失信行为，同样会对其他利益相关者产生一定的隐性约束力，进而督促其严格履行签署的协作协议，推进多元行动力量在生态环境承载能力预警过程中信任度的建设与维护。

四、健全生态环境承载能力协同预警沟通交流机制

良好且有效的沟通交流机制是促成多元行动主体展开协作行动的钥匙，融洽的沟通交流也有助于利益相关者之间信任关系的建立，这既要求建立健全完善畅通的沟通交流体系，又要求建立真正平等的协作关系，为不同主体合力促进沈阳市生态环境承载能力预警机制的完善夯实基础。

1.建立健全畅通坚韧的信息交互体系

信息资源的及时、有效共享是提升沈阳市生态环境承载能力预警机制效能的关键性要素，强化信息的交互流动有助于各方行动主体之间构建完善的沟通交流体系，从而增进彼此间互信度，强化协作透明度，提升协作行动效率。目前来看，沈阳市在生态环境承载能力强化与预警机制完善方面，仍存在一定的“信息隔阂”，利益相关者往往将自身利益置于共同利益之上，信息开放与共享效率低下。只有突破“信息围墙”的束缚，增强各行动主体之间信息的开放与共享，提升协作行动的质量与进展速度，才能促成沈阳市生态环境承载能力预警机制迈上新台阶。因此，就需要各行动主体通过多元的信息交流渠道，定期召开生态环境承载能力预警协商会议与座谈会，共享不同主体掌握的多元化信息，强化主体间的有效沟通。同时，应当进一步建立健全新闻发言人制度，利用微博、微信公众号、小程序等新兴媒体路径进行信息的共享与互动交流，协商生态环境承载能力预警机制完善的进展情况以及各自所面临的问题，通过多次的相互商讨来增进彼此间的了解。

2.推动会议协商制度的高效、持续运行

通常来说，通过商谈形成的决定具有一定的正当性和合理性[①]。会议协商制度的高效运行有助于化解协商会议“见见面、碰碰杯、通通气”的尴尬处境，有效提升信息的交互共享效率，从而促成沈阳市生态环境承载能力的提升以及预警机制的健全完善。因此，政府作为生态环境承载能力预警机制完善提升项目中的主导力量，应当在广泛征求各方行动力量的基础之上起草会议制度或章程，明确规定会议轮流召开的具体办法，以及会

① 哈贝马斯．在事实与规范之间：关于法律和民主法治国的商谈理论［M］．童世骏，译．上海：生活·读书·新知三联书店，2003.

议上所签署协议等合作文件的法律效力和约束力。同时，在座谈会或联席会议上针对生态环境承载能力等相关议题，要基于平等、自由、宽容、开放的原则充分讨论、决议，对有较大争议的问题应当继续商量、讨论、交流，力求最大限度满足利益相关者的合理诉求。

第二节　协调多元主体关系，促进利益相关者协同联动

生态环境承载能力预警机制的完善及效能提升涉及多元行动主体，需要不同组织、个体与环境在错综复杂的生态治理场景之中互动协同、连锁联动、互相影响。生态环境承载能力预警机制相关主体包括由各级政府、相关企业、社会公众、社会组织等在内的核心利益相关者，以及受到生态环境间接影响的其他的潜在利益主体。在生态环境治理过程中，不同利益相关者的价值诉求、目标指向、行为方式、资源禀赋以及思想观念等会产生一定“偏差距”。因此，运用多种方式手段、技术工具去协调多元主体之间的关系，促进不同利益相关者之间的协同是进一步提升沈阳市生态环境承载能力、完善生态环境承载能力预警机制的必然选择。

一、提高政府部门风险预警意识与管理能力

1.提高政府相关部门风险预警意识

提高政府部门的生态环境承载能力风险预警意识以及管理思想，力求为沈阳市生态环境承载能力预警管理以及调控决策供给兼具合理性与科学性的目标与路径。由此而看，首先，作为生态环境承载能力预警机制建设主导者的政府部门应当有强烈的危机和预警意识，并对沈阳市生态环境承载能力预警问题的危害程度、状态级别、预警策略等层面做好充足的准备工作，从而能在生态环境承载能力处于弱载或超载区间时，在最短的时间之内形成对于危机状况的全链条反馈。同时，生态环境承载能力危机的发

生与发现具有一定程度的延迟或滞后，这是不可避免的也是无法避免的现象，但延迟或滞后发生的时间长短与政府相关部门存在直接的关联性。如果政府相关部门具有较强的危机意识，对生态环境承载能力风险感知较为敏锐，警情发觉的滞后时间就会大大缩短，并采取及时、准确的应对措施，由此就能尽可能在最短的时间之内降低风险等级，减少可能发生的或者潜在的危害。其次，政府部门在规划制定沈阳市生态环境承载能力有关的战略决策时，应当坚持“实事求是”的原则，有效遵循以沈阳市实际情况为基准的原则，防止出现因“水土不服”而造成决策实施效果大打折扣的情况。同时，政策的制定应该合理平衡经济发展与环境保护之间的关系，提高对生态环境承载能力综合性、全面性考察与评估的重视程度，及时建立富有激励性、灵敏性、快捷性的生态环境承载能力预警评估管理系统，切忌出现盲目追求经济效益而忽视环境保护的策略决策。

2.完善预警组织管理团队

完善沈阳市政府相关职能部门生态环境承载能力预警方面的组织管理团队，全面提升其工作人员预控能力与自身素质。首先，应当在现有人才引进计划基础之上，进一步提高在生态环境治理、承载力评估、环境规划、危机管理以及大数据等相关方面高层次人才引进的比重，积极且及时地组建生态环境承载能力预警专业管理与技术团队，并与高校专家、科研院所等智库以及生态环境治理方面的实务工作者建立密切的合作关系，将其专业理论知识、实践工作经验转化为提升沈阳市生态环境承载能力方面的专业性、科学性意见。其次，进一步强化生态环境承载能力预警知识培训强度，编制适用于沈阳市实际情况的预警防控学习小册子，日常定期培训与不定期考核相结合，以督促提升相关部门与工作人员的预警知识吸收程度以及实际预警识别能力与风险防控能力，科学分析预测沈阳市生态环境承载能力，监控生态环境承载能力管理预警系统的综合运行能力，在承载力临近边界值时及时发出预警信号，及时对预警管理系统进行动态化诊断与调适。

最后，提升沈阳市生态环境承载能力政府管理者的领导职能，建立健全沈阳市生态环境承载能力预警组织管理体系，强化与生态环境局、教育局、工业和信息化局、城乡建设局、城市管理行政执法局、交通运输局、财政局以及宣传部等相关部门的协作管理，在协作管理、互惠互利、信息共享等原则的扶持下，将环境有效保护与资源合理利用置于社会发展的关键性位置，全方位完善生态环境承载能力预警机制，提升生态环境承载能力预警效能。

3.强化向基层政府权力下放

强化向基层政府权力下放力度，放宽搞活各级审批机制，能够有效破除上下级政府间的信息流传、转接壁垒，以在纵向层面上建构起层级政府之间高效且简化的联防联控链条，一定程度上实现对生态环境承载能力预警能力与质量的飞跃。以管理流程为基本取向的传统科层体制之下，层级安排较多、规范要求较细，权责不匹配的问题较为突出显现，如此，难以在应对生态环境承载能力警情的时候实现层级政府之间的高效联动与协同，无法及时回应公众诉求、推进生态环境承载能力警情的高效解决。因此，首先，应当通过进一步健全审批机制、简化审批程序，加强市级政府向基层政府的权力下放，以形成权责相对一致的生态环境承载能力预警组织管理体系，防止地方由于“权”“责”不对称而无法及时行使相关管理权限，延误危机解除的速度与效率。其次，需要强调的一点是，在进行审批程序简化时要严格按照国务院关于行政审批改革相关文件规范的具体要求，综合对比生态环境承载能力预警组织管理审批事项的清单材料，以促进行政审批改革的标准化、规范化、合法化。最后，值得引起注意的是，权力下放过程中要审慎考量上级下放到下级的权力是否与下级需求相契合。例如，下级部门分管污染处置任务，而上级部门下放的权力确是有关于科研攻关方面，那么，“权限”与“部门”的不匹配就会在很大程度上导致下放到地方的权力低效用甚至无效用，而真正需要该项权限的部门“拿到手”的权限却屈指可数，如此，权责不匹配的问题仍然无法得到根本解决。唯有合理放权、流程简化才能在生态环境承载能力预警危机时刻显现出上下级高效联动所释放的巨大力量。

二、强化有关企业的危害性评估与管理约束

生态环境承载能力以及其预警组织管理涉及多种类型的企业，其中包括与生态环境承载能力直接关联的专业环境治理企业，以及生产过程中产生对环境造成间接危害的各类工、商企业等。上述市场主体的价值理念、发展目标、路径取向以及整体道德素质等都会对生态环境承载能力预警机制的完善提升产生一定的影响。诸多环境问题的产生、持续以及生态环境承载能力警情的发生，均与过度经济开发、垃圾处置不当以及乱砍滥伐密切关联。由此可以看出，沈阳市生态环境承载能力预警组织管理效能的提升，亟待市场主体积极树立危机与预警意识，对企业自身的价值理念、发展路径等进行科学的规划与合理的调整，为实现经济可持续发展、环境全方位保护以及社会立体化进步供给一份智慧和力量。

首先，应当对企业发展取向以及可能对环境产生的危害进行科学性、全面性、系统性的评估，并制定可行性方案与科学性规划。由于生态环境通常较为脆弱，对生态环境承载能力的破坏修复成本较高，加之相关企业对其造成的危害一定程度上具有不可逆性，因而，市场主体在进行项目开发或者建设时，应该提前从经济、环境以及资源效益等方面进行综合测度与评估，根据沈阳市经济水平、环境状况以及资源状况的实际制定项目实施方案，结合生态环境承载能力状况的变化进行动态化调适，将可能发生的或者潜在的生态环境承载能力警情扼杀在萌芽之中，最大限度规避其可能对生态环境承载能力造成的损害，由此，才能真正实现生态保护与经济发展二者和谐共生。

其次，深入贯彻落实相关法律法规，加大污染物处置与环境保护方面的财力投入。作为市场主体的各类企业，应当自觉遵守相关法律法规，积

极树立绿色、生态、循环以及预警的价值理念，充分尊重自然发展规律，为环境治理、低碳发展、循环利用开设专用资金通道，遵循绿色企业发展线路，积极开发低碳产品，并且高效使用低碳型能源、环保型建材、节能型日常生活用品以及绿色交通工具，加大对清洁生产、运营，水资源、电力系统等方面循环利用的注意力分配，最大力度地减少污染物排放，以此来提高资源利用效率。尤其值得注意到的是，沈阳市作为历史悠久的著名工业城市，环境污染问题一直以来都是政府、社会以及市场等利益相关者关注的重点话题，因而加大环境治理力度以及高效使用清洁能源对于沈阳市生态环境承载能力的提升以及预警机制的完善具有重大的意义。

三、提升非政府组织生态承载力预警参与度

1.完善制度建设保障其合法性地位

非政府组织自身所具备的灵活性、公益性以及志愿性等特点，使其成为生态环境承载能力预警组织管理过程中的重要行动力量，有效协同非政府组织参与预警组织管理对信息资源、物质资源、人力资源等多种资源的有机整合大有裨益，且有助于充分发挥非政府组织在政府与社会之间的桥梁纽带效用。制度是主体参与行动的重要依据，有效规范着行动者之间互动交流的形式、边界以及程序[①]。由于非政府组织内部建设的体制机制尚不完善，比如监督机制、运行机制等，如若缺乏必要且完备的监督管理机制，那么，非政府组织在面对可能使自身利益受损或与自身需求冲突分歧的管理活动时，就有可能通过消极回避或损害他人合法权益的方式来保障自身的利益诉求。因此，十分有必要通过正式的法律法规来对其行为进行合理限度的规制。首先，可以强化对非政府组织人员、物资以及参与生态

① 曹海军，王梦.制度、资源与技术：社会矛盾调处化解综合治理之路——以衢州“主”字型矛调模式为例 [J]. 中共天津市委党校学报，2021（3）：81 － 88.

环境预警组织管理行为的监督管理，严防徇私舞弊、玩忽职守等不法行为，切实提升其公信力与美誉度。其次，可以着力提升其预警管理活动的合理性、有效性以及规范性，保障其参与生态环境承载能力预警活动过程的合法地位。在法律保障方面，日本对非政府组织参与组织管理活动的法律保障措施具有一定借鉴意义。20世纪90年代末，日本政府颁布《特定非营利活动促进法》，这部法律是政府转变保守态度、全力支持非政府组织发展的重要标志，该法律有力提升了非政府组织参与组织管理活动的积极性。针对生态环境预警组织管理活动，我国也陆续出台了相关法律法规，但相关条文中并未对非政府组织参与其中的责任划分、行为规制做出明确的提及与说明，这就极易致使非政府组织由于对政府依赖性太强而缺乏必要的独立性与自主性。因此，在未来较长一段时间内，还需要有针对性地结合非政府组织自身特性完善相关法律法规制度建设，明确其法律地位、职责任务以及必要的保障措施，使其在参与生态环境承载能力预警组织管理活动时有法可依、有据可靠，切实提升非政府组织的全过程参与度。

2.强化非政府组织自身能力建设

强化非政府组织自身能力建设有助于强化其参与生态环境承载能力预警组织管理活动的专业性、时效性以及系统性，从而以高水平的服务能力、治理能力提升生态环境承载能力预警整体效能。具体可以参照以下几点进行优化完善。首先，注重自身组织结构的建设。进一步明确组织内部具体人员分工，制定并完善生态环境承载能力预警组织管理全闭环工作流程，保障事前预警预防、事中协同治理、事后恢复反馈，每一环节清晰明确，将组织人员嵌入到生态环境承载能力预警组织管理全过程的每一环节，同时有必要保留一定数量的机动人员，以应对无法预测的危机带来的人力资源短缺情况，提高生态环境承载能力预警活动参与的灵活性。其次，通过完备的人力资源管理制度优化人员管理体系。以社会组织为例，目前社会组织的主要人员组成包括董事会成员、专职公职人员以及志愿者队伍，这三类群体在参与生态环境承载能力预警活动时的人员数量与其话语权、主导权并非呈正相关关系，因此要在组织人员培训、完善奖励激励机制、规范志愿者队伍管理以及宣传教育等方面倾注足够的注意力，多措并举合理完善组织人员结构、强化人员管理、提升组织内部各类群体的积极性与配合度。最后，开拓资金来源渠道。已有调查显示，非政府组织内部的资金来源主要包括政府拨款、会员集资、企业项目赞助以及社会群体的捐款三类形式，其中政府拨款占比较大，其他渠道汇集资源占比总和仅为32.8%[①]。财力保障不充分成为大多数非政府组织发展困境的主要因素。因此，可通过发展公益募资机构、强化与企业合作等方式建构相对完善的融资体系，以保障非政府组织自身运作能力、治理能力的有效提升。

四、引导社会公众树立生态预警主人翁意识

社会公众作为生态环境承载能力预警组织管理行动中的关键行动力量，对沈阳市生态环境承载能力韧性的提升、警情的感知、预警机制的完善发挥着至关重要的作用。完善生态环境承载能力预警机制，系统建构现代化生态环境治理体系，理应及时补齐社会公众参与方面的短板[②]。首先，应当积极引导社会公众树立并强化自身的主人翁意识，在日常生活用品的选择、交通工具的使用以及日常的环境保护行为中，增强个人的责任感，树立正确的价值观与消费观，将“环境保护”内化为日常自觉的行为意识，能够自觉遵守法律法规的相关规定、自觉参与生态环境治理、自觉参与环境保护活动。其次，应当在社会公众群体中积极宣传生态环境治理、生态环境承载能力预警的相关知识，并通过“线上＋线下”双重渠道为社会公众提供学习预警知识、危机知识以及风险知识的路径，比如，可以定期召开生态环境承载能力预警相关的知识讲座，将“课堂搬进社区”，多措并举，

① 王名，贾西津．中国NGO的发展分析[J]．管理世界，2002（8）：30－43.

② 刘超．协商民主视阈下我国环境公众参与制度的疏失与更新[J]．武汉理工大学学报（社会科学版），2014，27（1）：76－81.

增强社会公众的风险防范意识及预警防范能力，提高社会公众对沈阳市生态环境承载能力警情的感知以及参与预警组织管理的能力。最后，进一步强化社会公众参与环境治理方面的法律制度建设，完善其参与环境治理的激励机制与惩戒机制，正向激励与逆向约束的有机结合，是促进、引导社会公众正确树立生态环境承载能力预警意识的有效渠道。

第三节　完善立体化保障机制，促进协作行动有序推进

一、夯实预警管理信息技术基础

1.建构预警组织管理信息系统

伴随大数据、互联网、物联网、云计算等高新技术的迅猛发展，生态环境承载能力预警组织管理仅依靠传统技术已难以应对新时期新挑战，不断变化的生态治理环境以及各类“棘手问题”的增加给生态环境承载能力预警组织管理提出了更高要求与严格标准。因此，高新技术的合理、充分利用成为完善沈阳市生态环境承载能力预警机制的必然选择。

首先，生态环境承载能力预警信息管理系统应当以人类社会基本需求为出发点，充分借助网络信息通信设备、计算机软硬件设备以及相关的网络设备，对生态环境承载能力信息以及预警信息进行全方位、立体化的收集、输入、存储、分析及维护，从而能够驰而不息为政府相关部门规划并制定出台决策、保障政策落地实施以及监督执行效率和效果提供坚实的技术支撑。其次，沈阳市生态环境承载能力水平在近10年一直呈现动态变化的情况，一定程度上说明生态环境承载能力具有一定的脆弱性、不稳定性，那么，生态环境承载能力预警组织管理的技术支持便兼具了挑战性，技术的更新换代应当及时回应生态环境承载能力演化情况，以便能在生态环境承载能力濒临超载或者是弱载警情时，发挥技术支持的应有之用。同

时，需要注意的是，生态环境承载能力的预警预测需要大量的人力、物力和财力作为必要性保障，更加需要现代遥感技术、地理信息技术等多种现代化信息技术的强力支撑。因此，亟待建立健全沈阳市生态环境承载能力预警组织管理信息系统，这将对提升生态环境承载能力、完善生态环境承载能力预警机制大有裨益，也有助于平衡经济效益、社会效益与环境效益，有力推进国家治理体系与治理能力的现代化进程。

2.促进行动者间科技资源互补

随着生态环境承载能力预警组织管理环境的动态变化，以及各类生态环境问题的突发性、偶然性，各行动者之间的协作关系密切程度与日俱增，但科学技术资源在各个行动者之间的差距仍然无法缩小，比如，政府部门在生态环境承载能力预警组织管理方面倾注了足够的注意力，但其拥有的科技资源却比较稀少，企业拥有的科技资源较为丰富、充沛，但其在生态环境承载能力预警组织管理方面的参与程度却比较低，这就出现了科技资源在各个利益相关者之间分配不均衡的现象，如此，将无法达到生态环境预警组织管理效力释放的最大化。

首先，应当在尊重各个行动者差异化且各具发展侧重的基础上，充分促进科学技术资源在行动者之间相对均衡流动，通过打破利益相关者间的技术壁垒，进而推动科技资源共享机制的不断完善。政府可以通过从相关企业、社会组织购买服务等方式购买科技资源，弥合自身科技资源相对不足的痼疾；还可以充分发挥市场机制的促进效用，向企业、社会组织加大财政投入，或者通过减免相关税收并加大财政补贴、强化奖金激励等方式手段，鼓励并促进相关企业在大数据、互联网等相关科技方面的加速发展，从而为沈阳市生态环境承载能力预警组织管理注入强劲的技术动力，助力生态环境承载能力预警组织管理朝着现代化、科技化方向发展。值得引起注意的是，政府在加大财政投入的同时，应当加强对科技资金使用的管理与监督，对资金投入与产出是否成正相关关系进行及时的评估与监督，根据评估结果及时调整资金投入策略，避免资金资源的浪费，最大限度提高资金使用与科技产出效率。其次，为进一步促进科技资源的有效互补，激发科学技术对生态环境承载能力预警组织管理的助力效用，应当进一步建立健全一体化的科技资源信息开放共享平台、科技资源资金服务平台以及科技人才交流互助平台，为沈阳市生态环境承载能力预警机制的不断完善以及生态环境承载能力的不断提升提供完备的硬性技术条件和外部发展环境。

3.推动科技创新体系持续升级

丰富的科技资源与不断进步的技术水平不仅有助于沈阳市生态环境承载能力水平的提升，还对预警组织管理能力的强化、预警机制的完善以及经济社会的可持续发展与进步大有裨益。因此，首先，应当采用大数据、互联网、物联网以及云计算等高新技术工具，对生态环境承载能力及预警信息进行收集、整合、分析、研判、评估、反馈，从而对沈阳市生态环境承载能力及其预警情况形成一个客观且详实的认知，并对其中可能存在的主要问题或者潜在的问题进行清晰的判断，从而有针对性地制定下一步预警决策。其次，需要将技术融入生态环境承载能力预警系统之中，从而构建层次分明、运用广泛的科技创新体系。最后，还应当鼓励市场主体秉持循环经济的发展理念，逐步淘汰耗能高、污染大的传统技术工具，以耗能低、污染小、产能高的高新技术手段加以替代，循序渐进转变资源利用的结构，尽最大力度改善沈阳市生态环境承载能力不稳定性、脆弱性的问题，以此进一步提升生态环境承载能力预警组织管理水平、不断完善生态环境承载能力预警机制。

二、注重预警管理人才培养发展

1.强化人才引进与培养

生态环境承载能力预警组织管理能力的强化以及预警机制的完善，离不开生态环境治理方面的国内外专业性人才作为智治支撑。首先，要进一步强化对高科技人才的培养投入力度，尤其要加强对高校、科研院所等相关专业方面的资金扶持，为科技人员的培育营造开放、包容、友好的科研环境与氛围，大力推进生态环境承载能力预警组织管理方面的技术人员的成长、成才。其次，要紧密结合现有人才资源基础，制定符合沈阳市生态环境承载能力预警组织管理实际的国内外人才引进战略，适当简化外籍专家、技术人员签证流程，做好专业人才的住房、交通、医疗、子女入学等一系列问题，为其解决“后顾之忧”。同时，还应当建构沈阳市生态环境承载能力预警组织管理专业人才的信息数据库，对人才的个人基本信息、专业方向、专业能力、科研水平等方面做好系统、全面、细致的统计，以便能在生态承载力警情发生时，及时调动相关方面的专业人才，做好警情的分析与应对。最后，需要注意的是，在人才的引进与岗位匹配过程中，需要借助高科技手段对专业人员的技术与科研水平进行实际测度与评估，并对其个人信用情况进行审慎的审核、评估与管理，根据上述评估结果为其分配能将其专业水平最大化释放的工作岗位，从而保障沈阳市生态环境承载能力预警组织管理方面的人才供给。

2.为高科技专业人才创造法制化发展环境

高科技专业人才的培养与引进需要坚实的法律制度予以保障，这就要求沈阳市在引进、培养并组织管理生态环境方面的高科技专业人才时，既要结合沈阳市生态环境承载能力预警组织管理实际情况，又要与时俱进地学习和借鉴其他省市或者国外关于人才立法的优秀经验，力求建立集综合性、立体化于一体的沈阳市生态环境承载能力预警组织管理人才法律政策体系。同时，还应当建立健全生态环境承载能力预警组织管理专业人才培养与引进的负面清单制度，明确规定哪些行为属于坚决禁止的，以法律法规的形式加以约束势必会对高科技专业人才的组织管理产生积极作用。另外，还应当积极探索建立公开透明、依法行政的人才争议调解机制，并通过法律法规的形式对其进行硬性强制性规范。如此，才能为沈阳市生态环境承载能力预警组织管理专业人才提供相对公平、规范、科学的法制化发展环境，才能进一步促进沈阳市生态环境承载能力预警机制的完善与创新。

3.强化人才管理与培训

切实推进沈阳市生态承载力预警组织管理人员的组织管理、技能培训以及综合素质提升，能够促使其快速适应不断变化的生态环境治理大环境，并及时有效地处理错综复杂的生态环境承载能力预警问题。相关部门应当正视部分科技人才对生态环境承载能力预警问题重视程度不足、责任心不到位、专业技能难跟进等问题，通过思想政治教育培训、定期与不定期考核等方式严肃其工作认知，大力度提升工作人员的基本工作素质。同时，还应当进一步明确政府、市场、社会等多元行动主体在生态环境承载能力预警组织管理活动中的职责划分，对于履职不当、渎职等行为加以严厉惩处，通过法律法规的形式对其日常工作行为与紧急状况发生时的应急处置行为加以硬性约束，并可以引导、鼓励社会公众对生态环境专业工作人员的技能水平、工作态度、基本素质等指标进行监督，尽可能消解可能存在的组织内部考核“官官相护”问题，最大限度提升生态环境承载能力预警组织管理专业人才的综合性技能与素质。

三、强化预警管理资金资源保障

在生态环境承载能力预警组织活动中，“资源”始终以一种“能量加油站”角色协同其他要素，同频共振推进生态环境承载能力预警机制提质增效。资源是为公共事务的利益相关者所拥有的，是能够加以控制和利用的各类要素。生态环境承载能力预警组织管理需要的资源具体包括资金、时间、技术、专家、后勤支持、行政和组织协助、分析和执行计划的必要能力等，既可以是有形的人、财、物，也可以是无形的技术、声誉、能力以及影响力等。在沈阳市生态环境预警组织管理行动的过程中，作为预警机制关键要件之一的资金投入是影响生态环境承载能力预警效力高低的重要因子，事关沈阳市生态环境承载能力预警机制能否进一步地完善提升。因此，首先，应当尽可能拓阔生态环境承载能力预警活动方面的资金来源渠道，加大政府在生态环境治理方面的财政投入力度，保障在生态环境承载能力预警组织管理方面的各类资金需求，并通过制定相关的法律法规对资金的使用流程、具体用途等进行详细规定与说明，从而保障专项资金专款专用。其次，政府部门应当对生态环境承载能力预警资金使用情况进行及时、全面、透明的公开公示，并畅通社会监督渠道，开设监督举报电话，鼓励、引导社会公众加强对生态环境承载力预警组织管理方面资金使用情况的监督。最后，生态环境承载能力预警机制的完善不能仅仅聚焦于资金投入，理应在尽可能确保资金投入的基础之上，综合考量影响生态环境承载能力预警机制成效的全要素资源投入，积极克服资源整合进程中的各类挫折，协调利益相关者在资源占有上的差异，提升利益相关者对资源进行共享的意愿。

四、完善弹性化预警组织管理机制

生态环境的问责是我国问责制度建设的关键内容，强调“健全生态环境保护责任追究制度和环境损害赔偿制度，强化制度约束作用”[①]。生态

① 中共中央文献研究室．习近平关于社会主义生态文明建设论述摘编[M]．北京：中央文献出版社，2017.

环境的激励则是对生态环境治理方面产生科技创新以及对违法行为进行举报等行为的正向褒奖。问责与激励作为生态环境承载能力协同预警过程中性质互补的管理性机制，既能通过通报、诫勉、组织处分等形式有效规约行动过程中的不作为、乱作为现象，防止权力运用“偏轨”导致生态治理协同局势紧张或协同治理效果打折扣；又能够借助鞭策性的手段，例如提拔、授予荣誉称号、记功表彰等方式，维护并加强既有的协作治理关系与基础，激励政府、企业、社会组织以及社会公众等行动主体在生态环境承载能力预警活动过程中，持续产生协同联动的能力与行为。二者构筑了生态环境承载能力协同预警行动过程中共生共存的关系结构。因此，在沈阳市生态环境承载能力预警组织管理活动中，应当竭力平衡生态问责与激励的关系，促使问责的硬性约束效力与激励的人文关怀效用齐头并进，在生态环境承载能力预警弹性化组织管理方面发挥其应有之用。同时，多主体参与生态环境承载能力预警活动，不应只是一个向前迈进的过程，而是一个向后反视与向前迈进相结合的过程，需要根据沈阳市生态环境承载能力的实际现状以及预警情况及时变更协作结构、调整行动方案、引导协作行为，如此才是多元主体参与生态环境承载能力预警协同过程弹性化管理的应有之义。

第七章　结　论

伴随经济社会的迅猛发展，诸如大气污染、资源枯竭、水污染等生态环境问题的频发，生态环境承载能力监测预警问题日渐成为公共管理领域的重点话题。本书以沈阳市为案例，紧密围绕沈阳市生态环境承载能力及其预警机制进行了深入研究。在既有研究的基础上构筑了沈阳市生态环境承载能力测度指标体系，系统测度了沈阳市2010—2019年10年的生态环境承载能力，并对其动态演化规律进行细致刻画与分析，同时，基于传统协同治理理论“结构—过程”二维分析框架，拓展建构了符合中国特色社会主义现代化场景的“情景—结构—过程”三维分析框架，对影响沈阳市生态环境承载能力监测预警的因素进行了剖析，在此基础上，结合国内外关于生态环境承载能力预警方面的典型经验，提出了创新完善沈阳市生态环境承载能力预警机制的可行之策。至此，本书得出如下基本结论：

第一节　研究结论

本书基于协同治理理论，聚焦协作场景、协作结构以及协作过程三个维度，拓展建构了沈阳市生态环境承载能力预警机制的“情景—结构—过程”三维分析框架；运用德尔菲专家咨询法、熵权法、TOPSIS法测度了沈阳市2010—2019年生态环境的综合承载能力，并对其动态演化规律进行了详实的分析与解释；同时，在协同治理理论指导下，深入剖析了影响沈阳市生态环境承载能力预警机制的要素组成，并提出了促进沈阳市生态环境承载能力预警机制创新完善的整体性策略选择，为沈阳市生态环境承载能力监测预警的发展指明了基本思路与方向。本书形成了如下观点：

第一，基于协同治理理论，拓展建构了沈阳市生态环境承载能力预警机制的整体性分析框架。在系统介绍本书的理论基础上，提出了符合中国特色社会主义现代化治理场景的“本土化”协同治理分析框架，从协作场景（政策制度、宣传教育、价值理念、信息互动）、协作结构（政府主体、市场主体、社会主体、社会公众）、协作过程（技术支持、人才保障、资金资源、弹性管理）三个方面提出沈阳市生态环境承载能力预警机制的分析维度，构建了一个综合性、立体化的三维分析框架。

第二，测度了沈阳市生态环境承载能力并对其动态演化规律进行分析。基于经济发展力、环境承载力及资源承载力三个层面，建构了沈阳市生态环境承载能力测度指标体系，采用德尔菲专家咨询法、熵权法、TOPSIS法对沈阳市2010—2019年10年的生态环境承载能力进行测度与动态演化规律分析。总体上看，沈阳市生态环境承载能力在2010—2014年虽处于波动当中，但是总体上呈现上升趋势，并且其生态承载力在2014年达到最大。在2014—2017年，沈阳市生态环境承载能力逐年下降，并且在2017年达到最低值；在2017—2019年，沈阳市生态环境承载能力又呈现逐年上升的态势。沈阳市生态环境承载能力在10年间并非是静态不变的，而是一直处于动态变化过程之中，这与生态环境治理的协作情景、结构、过程等均有一定的关联。同时，对沈阳市在生态环境承载能力预警方面的短板进行了诊断，尚未实现生态环境承载能力全方位综合监测、生态环境承载能力评估缺乏历史视角、监测数据不系统以及多部门协同参与不畅是未来需要持续关注并加以改善的问题。

第三，分析了沈阳市生态环境承载能力预警机制影响因素。本书基于协同治理理论，在拓展建构的“情景—结构—过程”三维分析框架基础之上，从协作预警的情景因素、结构因素以及过程因素三个方面，对沈阳市生态环境承载能力监测预警的可能影响因素进行了剖析，清楚把握沈阳市生态环境承载能力预警机制变动的深层次原因。经过分析可以发现，沈阳市生态环境承载能力监测预警的效力如何，不仅与政策制度、宣传教育、价值理念、信息互动有一定关联，同时与政府、市场、社会、公众等行动主体的协作程度，技术、人才、资金资源、弹性化管理具有较强的相关性。

第四，提出了沈阳市生态环境承载能力预警机制创新完善的优化策略。在系统分析沈阳市生态环境承载能力监测预警的影响因素基础之上，从优化生态治理场景，积极营造宽容开放的预警情境；协同多元行动者关系，着力促进利益相关者协同联动；完善立体化保障机制，大力促进协作行动有序推进三个方面，提出了促进沈阳市生态环境承载能力预警机制创新完善的具体优化路径，从而为推动沈阳市生态环境承载能力持续提升以及监测预警日趋完善提供可行的方案。

第二节　研究的不足与展望

伴随经济社会的迅猛发展，生态环境承载能力问题引发愈来愈多的关注，尤其是生态环境承载能力预警机制的研究，成为近几年公共管理领域的热门议题。本书对沈阳市生态环境承载能力评价、监测预警效力影响因素、创新完善预警机制路径进行了初步尝试，对于凝聚多元主体行动共识、协同联动利益相关者力量，进而指导沈阳市生态环境承载能力监测预警，提升生态环境承载能力具有重要理论意义与实践价值。但是，由于研究时间、数据、人力等资源条件的限制，研究中仍然存在诸多不足之处，这有待于在未来的研究之中不断改进、完善、提升。

一是本书建构的生态环境承载能力测度指标体系，是结合既有研究基础、针对沈阳市的初步尝试，并根据测度结果分析了可能影响生态环境承载能力预警机制效力发挥的影响因素，提出对沈阳市生态环境承载能力预警机制优化调控的方案与策略，对于有效规避沈阳市生态环境承载能力警情、协同联动提升沈阳市生态环境承载能力大有裨益，但对于非沈阳地区，可能具有一定的不适性与局限性，对于指导全国范围内的生态环境承载能力预警机制，具有一定的片面性。同时，本书所提出的生态环境承载能力预警机制创新完善策略，仅仅是具有一定现时性的基本的思路与功能框架，并没有将“时间”要素与“功能”要素真正融合。因此，该策略可能对于当下沈阳市生态环境承载能力监测预警具有一定的指导意义，未来伴随生态环境问题与治理环境的动态变化，其指导功能未必发挥完全。这需要在未来的研究中，时刻关注沈阳市生态环境承载能力监测预警状态，及时发现“新问题”、提出“新思路”，并不断调适生态环境承载能力指标测度体系，以期能够与时俱进提出符合沈阳市生态环境承载能力监测预警实际的应对之策。

二是由于受研究数据、调研途径以及人力资源等研究条件与资源的限制，关于生态环境承载能力指标的认证还有待于深入考察。在数据搜集与调研过程中，部分指标的数据由于数据缺失或者密级限制，并未将其纳入最终的测度体系，因而沈阳市生态环境承载能力测度指标体系的全面性方面还有待于进一步完善。同时，关于协同预警影响因素的分析，仅仅是结合指标测度结果、既有文献以及相关职能部门的部分访谈资料所得，其中必定存在一定的偏差与模糊性，这有待于在接下来的研究之中进行更深层次的跟踪考察与分析。

在未来的研究中，可以继续在以下几个方面进行拓展：一是将拓展建构的协同治理理论“情景—结构—过程”理论阐释框架，置于更广地理范围与更长时间维度之内，对其“本土化”进行考察验证的同时不断修正、完善，力求赋予该理论框架更充实的本土特性与普适性，将该框架指导全国范围内生态环境承载能力监测预警研究的效力充分激发并释放。二是在数据收集方面，应当进一步加强与生态环境承载能力相关政府职能部门、社会组织等的联系，并与相关人员进行深度访谈，以期拓展数据来源，尽最大力度保障数据的真实性与全面性。三是针对提出的优化沈阳市生态环境承载能力预警机制对策建议，应当广泛考察国内外生态环境承载能力预警研究较为成熟的地区，积极汲取多地区的成熟经验，并针对不适宜我国社会主义现代化治理场景的策略进行“本土化”改造，使其能够进一步服务于我国城市的生态环境承载能力预警机制的研究，为我国城市生态环境承载能力的整体性提升与预警机制的创新完善提供新的思路与启示。

参考文献

[1] 中共中央文献研究室 . 习近平关于社会主义生态文明建设论述摘编 [M]. 北京：中央文献出版社，2017.

[2] 黄秉维 . 现代自然地理 [M]. 北京：科学出版社，1999.

[3] 杨贤智 . 环境管理学 [M]. 北京 : 高等教育出版社，1990.

[4] 高吉喜 . 可持续发展理论探索——生态承载力理论、方法与应用 [M]. 北京：中国环境科学出版社，2001.

[5] 张林波 . 城市生态承载力理论与方法研究——以深圳为例 [M]. 北京：中国环境科学出版社，2009.

[6] 沈渭寿 . 区域生态承载力与生态安全研究 [M]. 北京：中国环境科学出版社，2010.

[7] 赵鹏宇 . 忻州市资源与生态承载力和生态安全预警研究 [M]. 郑州：黄河水利出版社，2019.

[8] 楚芳芳 . 基于可持续发展的长株潭城市群生态承载力研究 [M]. 长沙：中南大学出版社，2014.

[9] 徐琳瑜，杨志峰 . 城市生态系统承载力 [M]. 北京：北京师范大学出版社，2011.

[10] 于翠英 . 我国首都生态文明建设评价指标体系及预警研究 [M]. 北京：北京理工大学出版社，2015.

[11] 王耕 . 辽河流域生态安全隐患评价与预警研究 [M]. 大连：大连海事大学出版社，2012.

[12] 杨嘉怡．煤炭资源型城市生态安全预警及调控研究 [M]. 北京：中国市场出版社，2019.

[13] 鲁莎莎．北京市森林生态安全评价与预警调控 [M]. 北京：中国林业出版社，2018.

[14] 张强．区域复合生态系统安全预警机制研究 [M]. 北京：科学出版社，2017.

[15] 哈肯．协同学：大自然构成的奥秘 [M]. 凌复华，译．上海：上海译文出版社，2005.

[16] 俞可平．治理与善治 [M]. 北京：社会科学文献出版社，2000.

[17] 全球治理委员会．我们的全球伙伴关系 [M]. 牛津：牛津大学出版社，1995: 2 － 3.

[18] 小泽．生态城市前沿：美国波特兰成长的挑战和经验 [M]. 寇永霞，朱力，译．南京：东南大学出版社，2010.

[19] 哈贝马斯．在事实与规范之间：关于法律和民主法治国的商谈理论 [M]. 童世骏，译．上海：生活·读书·新知三联书店，2003.

[20] 马尔萨斯，米都斯．人口原理　增长的极限 [M]. 李宝恒，译．北京：京华出版社，2000.

[21] 王梦．我国公共卫生应急管理的合作网络动态演化研究——以新冠肺炎疫情为例 [D]. 沈阳：东北大学，2021.

[22] 王留锁．基于生态承载力分析的城市环境管理模式研究 [D]. 沈阳：沈阳大学，2007.

[23] 刘士锐．郑州市生态承载力综合评价研究 [D]. 郑州：河南大学，2014.

[24] 丁同玉．资源—环境—经济（REE）循环复合系统诊断预警研究 [D]. 南京：河海大学，2007.

[25] 马书明．区域生态安全评价和预警研究 [D]. 大连：大连理工大学，2009.

[26] 姜楠．我国公共危机预警机制研究 [D]. 沈阳：沈阳师范大学，2011.

[27] 蒋仲昌．我国农村地区自然灾害预警机制研究 [D]. 沈阳：东北大学，2009.

[28] 米凯民．临河区洪涝灾害应急管理中的预警机制研究 [D]. 呼和浩特：内蒙古大学，2018.

[29] 王刚．大数据时代城市公共安全预警机制优化研究 [D]. 湘潭：湘潭大学，2017.

[30] 陈申鹏．深圳市气象灾害预警机制研究 [D]. 哈尔滨：哈尔滨工业大学，2019.

[31] 荣弛．沈阳市环境治理问题及对策研究 [D]. 大连：东北财经大学，2014.

[32] 吴玉光．环境监测预警体系建设研究 [D]. 青岛：青岛大学，2011.

[33] 马书明．区域生态安全评价和预警研究 [D]. 大连：大连理工大学，2009.

[34] 胡和兵．生态敏感性地区生态安全评价与预警研究——以安徽省池州市为例 [D]. 上海：华东师范大学，2006.

[35] 沙永杰，纪雁，陈琬婷．新加坡城市规划与发展 [J]. 同济大学学报（社会科学版），2021，32（5）: 2.

[36] 魏德辉，谌丽，杨翌朝．美国波特兰的宜居城市建设经验及启示 [J]. 国际城市规划，2016，31（5）: 20 － 25.

[37] 杨民安，曹鹏．新加坡生态城市建设实践与启示 [J]. 建材与装饰，2018（46）: 97 － 98.

[38] 王东生，徐可东，刘倩男，等．构建可视化动态环境管理空间指标体系——以青岛市生态环境大数据平台环境目标管理系统为例 [J]. 环境经济，2021（13）: 66 － 69.

[39] 倪旻卿，徐鹏，纪律．新加坡数字化协同治理创新模式研究 [J]. 全球城市研究（中英文），2022，3（1）: 111 － 127，192.

[40] 冯琳，徐勤怀，何萍 . 新加坡的城市自然系统构建及启示 [J]. 四川建筑，2020，40（4）: 30 － 33.

[41] 陈婷，雍娟，何奥．新加坡城市生物多样性保护经验对我国的启示 [J]. 城市建筑，2021，18（24）: 163 － 167.

[42] 邓波，洪绂曾，龙瑞军 . 区域生态承载力量化方法研究述评 [J]. 甘肃农业大学学报，2003，38（3）: 281 － 289.

[43] 高鹭，张宏业 . 生态承载力的国内外研究进展 [J]. 中国人口 · 资源与环境，2007（2）: 19 － 26.

[44] 齐亚彬 . 资源环境承载力研究进展及其主要问题剖析 [J]. 中国国土资源经济，2005（5）: 7 － 11，46.

[45] 陈端吕，董明辉，彭保发 . 生态承载力研究综述 [J]. 湖南文理学院学报（社会科学版），2005（5）: 76 － 79.

[46] 王中根，夏军 . 区域生态环境承载能力的量化方法研究 [J]. 长江职工大学学报，1999（4）: 3 － 5.

[47] 张传国，方创琳，全华 . 干旱区绿洲承载力研究的全新审视与展望 [J]. 资源科学，2002（2）: 42 － 48.

[48] 王宁，刘平，黄锡欢 . 生态承载力研究进展 [J]. 中国农学通报，2004，20（6）: 278 － 281，385.

[49] 许联芳，杨勋林，王克林，等 . 生态承载力研究进展 [J]. 生态环境，2006，15（5）: 1111 － 1116.

[50] 顾康康 . 生态承载力的概念及其研究方法 [J]. 生态环境学报，2012，21（2）: 389 － 396.

[51] 杨光梅 . 我国承载力研究的阶段性特征及展望 [J]. 科技创新导报，2009（26）: 23 － 25.

[52] 高丹丹，赵丽娅，李成 . 基于 PCA 和熵权法的神农架生态环境

承载能力评价 [J]. 湖北大学学报（自然科学版），2017，39（4）：367 - 371.

[53] 吕树进，吕昑芳．企业安全生产预警系统设计研究 [J]. 河南科技，2017（21）：65 - 67.

[54] 王家骥，姚小红，李京荣，等．黑河流域生态承载力估测 [J]. 环境科学研究，2000，13（2）：44 - 48.

[55] 徐卫华，杨琰瑛，张路，等．区域生态承载力预警评估方法及案例研究 [J]. 地理科学进展，2017，36（3）：306 - 312.

[56] 魏晓旭，颜长珍．生态承载力评价方法研究进展 [J]. 地球环境学报，2019，10（5）：441 - 452.

[57] 程晓波．提高城市综合承载能力　推进城镇化可持续发展 [J]. 宏观经济管理，2006（5）：18 - 20.

[58] 谭文垦，石忆邵，孙莉．关于城市综合承载能力若干理论问题的认识 [J]. 中国人口 · 资源与环境，2008（1）：40 - 44.

[59] 吕光明，何强．可持续发展观下的城市综合承载能力研究 [J]. 城市发展研究，2009，16（4）：157 - 159.

[60] 龙志和，任通先，李敏，等．广州市城市综合承载力研究 [J]. 科技管理研究，2010，30（5）：204 - 207.

[61] 唐剑武，郭怀成，叶文虎．环境承载力及其在环境规划中的初步应用 [J]. 中国环境科学，1997，17（1）：6.

[62] 吴玉敏．《未雨绸缪——宏观经济问题预警研究》一书评介 [J]. 经济学动态，1994，12.

[63] 傅伯杰．区域生态环境预警的理论及其应用 [J]. 应用生态学报，1993，4（4）：436 - 439.

[64] 金菊良，陈梦璐，郦建强，等．水资源承载力预警研究进展 [J]. 水科学进展，2018，29（4）：583 - 596.

[65] 方创琳，杨玉梅．城市化与生态环境交互耦合系统的基本定律 [J].

干旱区地理，2006（1）：1 － 8.

[66] 樊杰，周侃，王亚飞．全国资源环境承载能力预警（2016 版）的基点和技术方法进展 [J]. 地理科学进展，2017，36（3）：266 － 276.

[67] 贾滨洋，袁一斌，王雅潞，等．特大型城市资源环境承载力监测预警指标体系的构建：以成都市为例 [J]. 环境保护，2018，46（12）：54 － 57.

[68] 俞勇军，陆玉麒．南京市可持续发展预警系统初探 [J]. 经济地理，2001（5）：527 － 531.

[69] 高鹭，张宏业．生态承载力的国内外研究进展 [J]. 中国人口・资源与环境，2007，17（2）：19 － 26.

[70] 陈国阶，何锦峰．生态环境预警的理论和方法探讨 [J]. 重庆环境科学，1999（4）：3 － 5.

[71] 廖兵，魏康霞．基于 5G、IoT、AI 与天地一体化大数据的鄱阳湖生态环境监控预警体系及业务化运行技术框架研究 [J]. 环境生态学，2019（7）：23 － 31.

[72] 朱卫红，苗承玉，郑小军，等．基于 3S 技术的图们江流域湿地生态安全评价与预警研究 [J]. 生态学报，2014，34（6）：1379 － 1390.

[73] 熊建新，陈端吕，彭保发，等．基于 ANN 的洞庭湖区生态承载力预警研究 [J]. 中南林业科技大学学报，2014，34（2）：102 － 107.

[74] 莉莉，艾布龙，霍奇森．网络事件中的应用指示和预警框架 [J]. 信息安全与通信保密，2020（9）：40 － 53.

[75] 王宁，刘平，黄锡欢．生态承载力研究进展 [J]. 中国农学通报．2004，20（6）： 278 － 281，385.

[76] 许联芳，杨勋林，王克林，等．生态承载力研究进展 [J]. 生态环境，2006，15（5）：1111 － 1116.

[77] 曹妍．生态环境预警的理论和方法探讨 [J]. 环境与发展，2018，30（10）：205 － 206.

[78] 熊建华 . 土地生态安全预警初探 [J]. 国土资源情报，2018（4）：30 － 34，40.

[79] 杨光梅 . 我国承载力研究的阶段性特征及展望 [J]. 科技创新导报，2009（26）：23 － 25.

[80] 庄洪林，姚乐，汪生，等 . 网络空间战略预警体系的建设思考 [J]. 中国工程科学，2021，23（2）：1 － 7.

[81] 雷天雷 . 水质预警系统发展状况的研究报告 [J]. 北京农业，2013（21）：113.

[82] 张成龙，李迎春，刘颖 . 浅谈城市地下水水质水位预警 [J]. 产业与科技论坛，2012，11（17）：111.

[83] 徐卫华，杨琰瑛，张路，等 . 区域生态承载力预警评估方法及案例研究 [J]. 地理科学进展，2017，36（3）：306 － 312.

[84] 魏晓旭，颜长珍 . 生态承载力评价方法研究进展 [J]. 地球环境学报，2019，10（5）：441 － 452.

[85] 章锦河，张捷 . 国外生态足迹模型修正与前沿研究进展 [J]. 资源科学，2006（6）：196 － 203.

[86] 曹海军，王梦 . 双网共生：社会网络与网格化管理何以协同联动？——以 S 市新冠肺炎疫情防控为例 [J]. 中国行政管理，2022（2）：59 － 66.

[87] 陈晓雨婧，吴燕红，夏建新 . 甘肃省资源环境承载力监测预警 [J]. 自然资源学报，2019，34（11）：2378 － 2388.

[88] 卫思夷，居祥，荀文会 . 区域国土开发强度与资源环境承载力时空耦合关系研究——以沈阳经济区为例 [J]. 中国土地科学，2018，32（7）：58 － 65.

[89] 孔凡文，李志辰，王玥 . 沈阳经济区城市综合承载力评价分析 [J]. 沈阳建筑大学学报（社会科学版），2015，17（1）：51 － 56.

[90] 吴传国 . 基于状态评价法的土地综合承载力对比评价——以哈尔

滨和沈阳为例 [J]. 北方经贸，2019（1）：118 － 122.

[91] 李金平，王志石 . 澳门 2001 年生态足迹分析 [J]. 自然资源学报，2003，18（2）：197 － 203.

[92] 赵先贵，肖玲，兰叶霞，等 . 陕西省生态足迹和生态承载力动态研究 [J]. 中国农业科学，2005（4）：746 － 753.

[93] 马明德，马学娟，谢应忠，等 . 宁夏生态足迹影响因子的偏最小二乘回归分析 [J]. 生态学报，2014，34（3）：682 － 689.

[94] 王中根，夏军 . 区域生态环境承载能力的量化方法研究 [J]. 长江职工大学学报，1999（4）：3 － 5.

[95] 向芸芸，蒙吉军 . 生态承载力研究和应用进展 [J]. 生态学杂志，2012，31（11）：2958 － 2965.

[96] 杨志峰，隋欣 . 基于生态系统健康的生态承载力评价 [J]. 环境科学学报，2005，25（5）：586 － 594.

[97] 毛汉英，余丹林 . 区域承载力定量研究方法探讨 [J]. 地球科学进展，2001，16（4）：549 － 555.

[98] 毛汉英，余丹林 . 环渤海地区区域承载力研究 [J]. 地理学报，2001，56（3）：363 － 371.

[99] 黄顺康 . 公共危机预警机制研究 [J]. 西南大学学报（人文社会科学版），2006（6）：115 － 119.

[100] 张春曙 . 大城市社会发展预警研究及应用初探 [J]. 预测，1995（1）：47 － 50.

[101] 陈乐天，王开运，邹春静，等 . 上海市崇明岛区生态承载力的空间分异 [J]. 生态学杂志，2009，28（4）：734 － 739.

[102] 熊建新，陈端吕，谢雪梅 . 基于状态空间法的洞庭湖区生态承载力综合评价研究 [J]. 经济地理，2012，32（11）：138 － 142.

[103] 许冬兰，李玉强 . 基于状态空间法的海洋生态环境承载能力评价 [J]. 统计与决策，2013（18）：58 － 60.

[104] 郭轲，王立群．京津冀地区资源环境承载力动态变化及其驱动因子 [J]. 应用生态学报，2015，26（12）：3818 – 3826.

[105] 纪学朋，白永平，杜海波，等．甘肃省生态承载力空间定量评价及耦合协调性 [J]. 生态学报，2017，37（17）：5861 – 5870.

[106] 温雪梅．制度安排与关系网络：理解区域环境府际协作治理的一个分析框架 [J]. 公共管理与政策评论，2020（4）：40 – 51.

[107] 刘彩云，易承志．多元主体如何实现协作？——中国区域环境协作治理内在困境分析 [J]. 新视野，2020（5）：67 – 72.

[108] 闫彩霞．基于社会资本视角的社会协作治理优化路径研究 [J]. 行政科学论坛，2019（12）：48 – 51.

[109] 武俊伟，孙柏瑛．我国跨域治理研究：生成逻辑、机制及路径 [J]. 行政论坛，2019（1）：65 – 72.

[110] 黄德林，陈宏波，李晓琼．协作治理：创新节能减排参与机制的新思路 [J]. 中国行政管理，2012（1）：23 – 26.

[111] 吴建南，刘仟仟，陈子韬．中国区域大气污染协作治理机制何以奏效？来自长三角的经验 [J]. 中国行政管理，2020（5）：32 – 39.

[112] 景跃军，张宇鹏．生态足迹模型回顾与研究进展 [J]. 人口学刊，2008（5）：9 – 12.

[113] 王书华，毛汉英，王忠静．生态足迹研究的国内外近期进展 [J]. 自然资源学报，2002，17（6）：776 – 782.

[114] 徐中民，张志强，程国栋，等．中国 1999 年生态足迹计算与发展能力分析 [J]. 应用生态学报，2003，14（2）：280 – 285.

[115] 佟玉东，胡宝元．生态辽宁建设中的公众生态宣传教育机制研究 [J]. 辽宁工业大学学报（社会科学版），2015，17（1）：9 – 12.

[116] 曹海军，王梦．制度、资源与技术：社会矛盾调处化解综合治理之路——以衢州“主”字型矛调模式为例 [J]. 中共天津市委党校学报，2021（3）：81 – 88.

[117] 何家振 . 试论环境宣传教育结构转型和战略升级 [J]. 中国环境管理，2014，6（2）：1 － 4.

[118] 詹国彬，陈健鹏 . 走向环境治理的多元共治模式：现实挑战与路径选择 [J]. 政治学研究，2020（2）：65 － 75，127.

[119] 谢云飞，黄和平 . 环境信息公开对城市生态效率的影响及作用机制 [J]. 华东经济管理，2022，36（5）：79 － 88.

[120] 刘杰，陈敏敏 . 多部门环境监测科学数据共享体系探讨 [J]. 环境与可持续发展，2014，39（3）：34 － 36.

[121] 张丹，漆昌彬，苗耀辉 . 沈阳市生态文明建设的现状及路径研究 [J]. 长春师范大学学报，2020，39（6）：168 － 170.

[122] 张怡 . 浅谈环境监测在生态环境保护中的作用及发展对策 [J]. 化工管理，2020（24）：66 － 67.

[123] 李杰，贾坤，张宁，等 . 基于遥感与生态服务模型的青岛市生态保护重要性评价 [J]. 遥感技术与应用，2021，36（6）：1329 － 1338.

[124] 彭亮，刘倩男，华丽，等 . 青岛市生态环境大数据资源体系的构建与应用研究 [J]. 资源信息与工程，2021，36（6）：154 － 158.

[125] 林震，栗璐雅 . 生态文明制度创新的深圳模式 [J]. 新视野，2015（3）：67 － 72.

[126] 王书平，宋旋 . 京津冀生态环境协同治理机制设计 [J]. 经营与管理，2021（3）：147 － 150.

[127] 王名，贾西津 . 中国 NGO 的发展分析 [J]. 管理世界，2002（8）：30 － 43，154 － 155.

[128] 沈阳市人民政府办公室关于印发沈阳市重污染天气应急预案（修订）的通知 [EB/OL].（2020−08−28）http://sthjj.shenyang.gov.cn/zwgk/fdzdgknr/yjzj/yjcnqk/202205/t20220516_2994744.html.

[129] 青岛市环保局 . 青岛市重污染天气应急预案 [EB/OL].（2018−08−24）http://mbee.qingdao.gov.cn:8082/m2/zwgk/view.aspx?n=40edd3b8−

ba8e-44fe-bac5-54fa9ab7abc0.

[130]青岛市生态环境局．青岛市生态环境局关于印发青岛市生态环境局突发环境事件应急预案的通知[EB/OL].（2019-12-18）http://mbee.qingdao.gov.cn:8082/m2/zwgk/view.aspx?n=713735ad-421c-47b6-a820-de292ad20643.

[131]山东省人民政府．山东印发“十四五”生态环境监测规划[EB/OL].（2021-12-28）http://www.shandong.gov.cn/art/2021/12/28/art_97904_518400.html.

[132]BISHOP A B，FULLERTON H H，Crawford A B，et al. Carrying capacity in regional environment management [M]. Washington，D. C. : U. S. Government Printing Office，1974.

[133]ODUM E P. Fundamentals of ecology [M]. Philadelphia: W. B. Saunders，1953.

[134]MALTHUS T R. An essay on the principle of population [M]. London: J. Johnson，1798.

[135]HAWDEN S，PALMER L J. Reindeer in Alaska [M]. Washington，D. C. : U.S. Department of Agriculture，1922.

[136]WACKERNAGEL M，REES W E. Our ecological footprint: Reducing human impact on the earth [M]. Oxford: John Carpenter，1996.

[137]HOLLING C S. Engineering resilience versus ecological resilience [M]. // National Academy of Engineering. Engineering within ecological constraints. Washington，D. C. : The National Academy Press，1996: 31 － 43.

[138]BEATLEY T. Singapore City，Singapore: City in a garden [M]. Washington，D. C. : Island Press，2016.

[139]RAMACHANDRA T V，SUBASH CHANDRAN M D，JOSHI N V. Integrated ecological carrying capacity of Uttara Kannada district，Karnataka[R]. Bangalore: Indian Institute of Science，2014.

[140]PARK R E，BURGESS E N. An introduction to the science of sociology [R]. Chicago，1921.

[141]OECD. Government coherence: The role of the centre of government [R]. Budapest，2000.

[142]LEWIS E，CHANG M，WIERZBICKI W. Early warning report: Use of unapproved asbestos demolition methods may threaten public health [R]. Washington，D. C. : U. S. environmental protection agency，2011.

[143]DAWES S S，EGLENZ O. New models of collaboration for delivering government services：a dynamic model drawn from multi-national research [C]. Seattle: the 2004 Annual National Conference on Digital Government Research，2004.

[144]BRYSON J M，CROSBY B C，STONE M M. The design and implementation of cross-sector collaborations: Propositions from the literature [J]. Public administration review，2006，66（12）: 44 － 55.

[145]ANSELL C，GASH A. Collaborative governance in theory and practice [J]. Journal of public administration research & theory，2008，18（4）: 543 － 571.

[146]SCHNEIDER W A. Integral formulation for migration in two and three dimensions [J]. Geophysics，1978，43（1）: 49 － 76.

[147]REES W E. The ecology of sustainable development [J]. Ecologist，1990，20（1）: 18 － 23.

[148]REES W E. Ecological footprints and appropriated carrying capacity: What urban economics leaves out [J].Environment and urbanization，1992，4（2）: 120 － 130.

[149]REES W E. Ecological footprints: A blot on the land [J]. Nature，2003，421（6926）: 898.

[150]BAILEY J A. Principles of wildlife management [M]. New York:

Wiley，1984.

[151]HOLLING C S. Resilience and stability of ecological systems [J]. Annual review of ecological and systematic，1973，4: 1 － 23.

[152]REES W E，WACKERNAGEL M. Urban ecological footprints: Why cities cannot be sustainable—and why they are a key to sustainability [J]. Environmental impact assessment review，1996，16（4 － 6）：223 － 248.

[153]WALKER B，HOLLING C S，CARPENTER S R，et al. Resilience，adaptability and transformability in social-ecological systems [J]. Ecology and society，2004，9（2）: 5 － 12.

[154]HARRISON G W. Stability under environmental stress: Resistance，resilience，persistence，and variability [J]. The american naturalist，1979，113（5）: 659 － 669.

[155]MACARTHUR R. Fluctuations of animal populations，and a measure of community stability [J]. Ecology，1955，36:（3）533 － 536.

[156]GARDNER M R，ASHBY W R. Connectance of large dynamic（cybernetic）systems: Critical values for stability [J]. Nature，1970，228（5273）: 784.

[157]BAZZAZ F A，CHIARIELLO N R，COLEY P D，et al. Allocating resources to reproduction and defense [J]. BioScience，1987，37（1）: 58 － 67.

[158]TURNER M G. Landscape ecology: The effect of pattern on process [J]. Annual review of ecology and systematics，1989，20: 171 － 197.

[159]MURADIAN R. Ecological thresholds: A survey [J]. Ecological economics，2001， 38（1）: 7 － 24.

[160]WISSEL C. A universal law of the characteristic return time near thresholds [J]. Oecologia，1984，65（1）: 101 － 107.

[161]BADJIAN G. Development of GIS-based ecological carrying

capacity assessment system[J]. Global journal of animal scientific research，2014，2（3）.

[162]TADESSE S A. How can we predict and determine the ecological carrying capacity of a predator species in an enclosed wildlife protected area ? [J]. Forestry research and engineering: International journal，2020，4（1）: 1 － 8.

[163]OGINAH S A，ANG' IENDA P O，ONYANGO P O. Evaluation of habitat use and ecological carrying capacity for the reintroduced Eastern black rhinoceros （ Diceros bicornis michaeli ） in Ruma National Park， Kenya [J]. African journal of ecology，2020，58（1）: 34 － 45.

[164]GRIMM N B，GROVE J M，PICKETT S T A，et al. Integrated Approaches to Long−Term Studies of Urban Ecological Systems [J]. BioScience，2000，50（7）: 571 － 584.

[165]JARVIS L，MCCANN K，TUNNEY T，et al. Early warning signals detect critical impacts of experimental warming [J]. Ecology and evolution，2016，6（17）: 6097 － 6106.

[166]KÉFI S，GUTTAL V，BROCK W A，et al. Early warning signals of ecological transitions: Methods for spatial patterns [J]. PLOS ONE，2014，9（3）: e92097.

[167]SENG D C. Improving the governance context and framework conditions of Natural Hazard Early Warning Systems [J]. Journal of integrated disaster risk management，2012，2（1）: 1 － 25.

[168]BBALBI S，VILLA F，MOJTAHED V，et al. A spatial Bayesian network model to assess the benefits of early warning for urban flood risk to people [J]. Natural hazards and earth system sciences，2016，16（6）: 1323 － 1337.

[169]BAUCHA C T，SIGDEL R，PHARAON J，et al. Early warning signals of regime shifts in coupled human-environment systems [J]. Proceedings of the national academy of sciences of the United States of America，2016，113（51）: 14560 － 14567.

[170]ROVERO F，AHUMADA J. The Tropical Ecology，Assessment and Monitoring （TEAM） network: An early warning system for tropical rain forests [J]. Science of the total environment，2017，574: 914 － 923.

[171]BAHRAMINEJAD M，RAYEGANI B，JAHANI A，et al. Proposing an early-warning system for optimal management of protected areas （Case study: Darmiyan protected area，Eastern Iran）[J]. Journal for nature conservation，2018，46: 79 － 88.

[172]HENRIKSEN H J，ROBERTS M J，EGILSON D，et al. Participatory early warning and monitoring systems: A Nordic framework for web-based flood risk management [J]. International journal of disaster risk reduction，2018，31: 1295 － 1306.

[173]PADIILA Y C，DAIGLE L E. Inter-agency collaboration in an international setting [J]. Administration in social work，1998，22（1）: 65 － 81.

[174]LEMOS M H. The commerce power and criminal punishment: Presumption of constitutionality or presumption of innocence? [J]. Texas law review，2006，84（5）: 1203 － 1264.

[175]COOPER T L，BRYER T A，MEEK J W. Citizen-centered collaborative public management [J]. Public administration review，2006，66（s1）: 76 － 88.

[176]WOOD D J，GRAY B.Toward a comprehensive theory of collaboration [J]. The journal of applied behavioral science，1991，27（2）: 139 － 162.

[177]THIERS P，STEPHAN M，GORDON S，et al. Metropolitan eco-regimes and differing state policy environments: Comparing environmental governance in the Portland-Vancouver metropolitan area [J]. Urban affairs review，2018，54（6）：1019 － 1052.

[178]HAGERMAN C. Shaping neighborhoods and nature: Urban political ecologies of urban waterfront transformations in Portland,Oregon [J]. Cities，2007，24（4）：285 － 297.

[179]HAN H. Singapore，a garden city: Authoritarian environmentalism in a developmental state [J]. Journal of environment & development，2017，26（1）：23 － 24.

[180]QUAH J S T. Public administration in Singapore: managing success in a multi-racial city-state [M]. // HUQUE A S，LAM J T M，LEE J C Y. Public administration in the NICs. London: Palgrave Macmillan，1996: 59 － 89.

[181]AUSTIN I P. Singapore as a 'global city': Governance in a challenging international environment [C]. // DJAJADIKERTA H G，ZHANG Z. A new paradigm for international business. Singapore: Springer，2015: 171 － 192.

[182]FUJII T，ROHAN R. Singapore as a sustainable city: Past，present and the future [J]. SMU economics and statistics working papers，2019.

[183]BUTZ I，VENS-CAPPELL B. Organic load from the metabolic products of rainbow trout fed with dry food [J]. EIFAC Technical Papers, 1982.

后 记

本书受到2020年沈阳市哲学社会科学规划课题项目“城市生态环境承载能力预警机制研究——以沈阳市为例”（SY202005Z）、2020年教育部基本科研业务费人文社会科学繁荣项目“城市群环境治理中的地方政府协作机制研究”（N2014004）及国家社会科学基金一般项目“基于包容性发展的我国城市群地方政府协作治理机制研究”（19BZZ063）的资助，两项目均由我主持完成，在此，基金给予本书的资助表示感谢。同时，对在本书撰写过程中，对我的研究生王梦、沈敏、刘芳、杨逸敏、房文秋、艾兴隆、陈剑飞、孟祥升表示感谢！谢谢你们为本书的出版所付出的辛苦与努力。也感谢东北大学文法学院对本书的支持与鼓励！

限于本人的识见与能力，书中难免讹误、不当之处，诚请读者、各位学界同人批评指正。